人類史上最強

ナノ兵器

その誕生から未来まで

ルイス・A・デルモンテ　黒木章人 訳

NANOWEAPONS

A Growing Threat to Humanity

Louis A. Del Monte

原書房

人類史上最強

ナノ兵器

その誕生から未来まで

NANOWEAPONS

by

Louis A . Del Monte

[写真]

p 29 ©John F. Williams / p117 © DARPA Image Gallery, http:// www.
darpa.mil/about-us/image-gallery

愛情溢れる生涯の伴侶、ダイアン・クイデラ・デル・モンテへ

目次

謝辞

まずはダイアン・クイデラ・デル・モンテの貢献を称えたい。ダイアンは教師であり、編集者であり、生まれついての作家であり、芸術家としての才能も持ち合わせている、ルネサンス的才女だ。知性に満ちた言葉の魔術師でも美術史家でもある彼女は、この本の編集と構成についてさまざまに助言してくれた。彼女が惜しみなく与えてくれた才能、知識、そして心理学と歴史と人間性についての見識は、この本を書き終えるうえで大きな支えとなってくれた。つねに私がより大きな夢を抱き、その夢を予想以上に実現することができるのも、ひとえに彼女のおかげだ。彼女はまったくちがう視点から物事を考えることができる。それどころか、そんな自分をさらに大きな視点から客観視することができる。誰かが勝手につくった枠のなかに押し込まれることを拒み、そんな彼女を見習おうとする私たち家族や親戚縁者をいつも励ましてくれる。それがダイアンだ。

親友のニック・マクギネスにも感謝したい。歴史と現実世界についての彼の知識には驚かされるばかりだ。良き友は得難いものだが、それが実体験で磨かれた知識と才能を持つ良き友となればなおさらだ。ニックのような友人は滅多に得られるものではない。彼は自分の時間と才能を費やして、この本の内容について一章一章アドバイスしてくれた。この借りは一生かけても返せないだろう。

私の代理人であり、〈マーシャル・ライアン・リテラリー・エージェンシー〉の共同設立者でもあるジル・マーシャルの大変な努力と献身がなければ、この本を出してくれる出版社は見つからなかっただろう。その巧みな指導の下で作成した企画書で、いくつかの出版社の注目を集めることができた。彼女との共同作業は愉しく、教えられることの多い経験だった。

最後に、この本を世に出してくれた〈ポトマック・ブックス〉社のチームと、フリーランスのコピー・エディター、エレイン・ダーラム・オットーに感謝する。

序章

人類は今世紀中に滅亡するかもしれない。そのとき、私たち全員を死に至らしめるものは、おそらく〈ナノ兵器〉と呼ばれる軍事兵器だ。これは哲学的なテーマではない。皆さんと皆さんの家族が、今の時代を生き抜くことができるかどうかの問題なのだ。そんな不吉な予言は取り越し苦労だと思われるかもしれない。しかし考えてみてほしい。[1]人類滅亡をもたらす一大事といえば、小惑星が地球に衝突するとか、巨大火山の噴火とかだと相場は決まっている。しかし実際のところ、そうした大惨事が起こる確率はたった〇・〇〇二パーセント以下しかない。一方、二〇〇八年にオックスフォード大学で開かれた地球規模の巨大災害のリスクについての会議で、今世紀末までに人類が滅亡する確率は一九パーセントだとする調査報告が発表された。その報告書のなかで、人類滅亡の原因として最も可能性の高いものが四つ挙げられている。

1　分子ナノテクノロジーを応用した兵器――五パーセント

2　人間の知性を超える人工知能（スーパーインテリジェントＡＩ）――五パーセント

3　戦争――四パーセント

4　人工的につくり出された感染症の地球規模の流行（パンデミック）——二パーセント

見てのとおり、ナノ兵器は最上位にリストアップされている。フィクションとノンフィクションの両分野で世界滅亡の主役とされている生物兵器は、意外にも四番目だ。

ナノテクノロジーに関する書籍は数多《あまた》あるが、そのほとんどはこの科学技術がもたらす計り知れない恩恵ばかりを謳《うた》っている。一方、ナノテクノロジーが本質的に抱えている危険性を指摘する本は少数で、ナノ兵器についてのものはさらに少ない。そもそもナノテク関連の書籍でナノ兵器はめったに言及されることはない。それはなぜか？　ナノ兵器が〝軍事機密〟だからだ。ナノテクの軍事利用は〝秘密〟もしくは〝極秘〟事項とされている。だからナノ兵器の研究開発にたずさわる科学技術者たちは、自分たちの研究結果を学術誌に載せることも、学術会議で発表することも、マスコミの取材に答えることもできない。

だからこそ、ナノ兵器は人類を滅亡に導く脅威だと明言するオックスフォード大学での学術会議の報告書は一読に値すると言える。そもそも、ナノ兵器はどの程度現実味があるものなのだろうか？　こうした問いかけは、決して答えが出ることのない難解な問題をあれこれ考えてばかりいる哲学者たちに訊くべきなのだろう。しかし本書では昔ながらのテクニックを使って、この問いの答えを出すことにしよう——〝金の流れを追え〟だ。二〇〇〇年、クリントン政権下のアメリカ合衆国政府は国家ナ《N》ノテクノロジ《N》ー・イ《I》ニシアティブをスタートさせた。ＮＮＩはナノテク関連技術の研究開発を国家主導でおこなうもので、二五の連邦機関がナノテクの研究および規制・管理にたずさわっている。NNIの発足以降、合衆国政府はナノテク開発に二〇〇億ドルを投入している。そのうちナノ兵器開発に割り当てられた実際の金額はトップシークレットになっているが、公表されている予算配分の内容をもとに推測すると、NNI主導下で開発されるナノテクを応用した素材とシステムの、三分の一から半分が軍事分野で使用されるものと考えていい。事実、いくつかの兵器はすでに配備されており、実戦投入できるレベルにあると考えられている。1章で紹介するナノテクの軍事利用例は、どう見ても『スター・トレック』からそのまま飛び出してきたようなものばかりだ。ナノテク関連情報のウェブサイト〈Nanowerk.com〉はこう報じている。「すべての大国はナノテクノロジーをベースにした素材とシステムを軍事利用するべく、研究開発に邁進している」。公表されている情報によれば、中国・ロシア・アメリカは数十億ドルを投じてナノ兵器の開発競争を繰り広げているという。ドイツなどの国々も三大国のあとに続いている。この競争に油を注いでいるのは、〝最強のナノ兵器を手にする国々が、新時代の超大国となる〟という新しいパラダイムだ。こうした事実があるのだから、ナノ兵器が存在し、開発と配備が進められているのはまちがいない。新たな兵器開発競争はほんとうに進行しているのだ。それでも、ナノ兵器が人類の存続を脅かす存在となる理由は問われるべきだ。その答えをひと言で言うなら〝コントロール〟だ。ナノ兵器のコントロールは生物兵器並みに難しいのだ。

　ここで例を挙げて、ナノ兵器のコントロールの難しさを理解してみよう。ある国が人工知能《AI》を搭載する——つまり〝スマート化〟した——昆虫大の超小型ロボットを開発したとしよう。この超小型ロボットは偵察から暗殺まで、さまざまな軍事活動に使用可能だ。非常に小さいので搬送が簡単で、探知もされにくい。さらに進んだナノ兵器を挙げてみよう。分子レベルの大きさで、しかも自己増殖するＡＩ搭載のロボット〈自己増殖型スマートナノボット〉は、現時点でのナノテクの技術レベルから推測すると、今世紀中頃までに現実のものとなると考えられている。このナノサイズのロボット〈ナノボット〉は、自分たちを構成する原子を見つけてきてクローンを組み立て、みずからの力で増殖していく。つまり理屈から言えば、自己増殖型スマートナノボットは生物兵器と変わりはないのだ。そうしたテクノロジーが、ならず者国家やテロ組織の手に渡った状況を想像してみるといい。自己増殖型スマートナノボットは、究極の最終兵器となるだろう。このナノボットは、解き放たれるとふたつの使命を果たすことになる――人類の殺戮と自己増殖だ。自己増殖型スマートナノボットの拡散が致死性のある感染症の大流行と同じだとすれば、人類の大部分が数週間のうちにその犠牲となるだろう。ＳＦのように思えるかもしれないが、全部あり得る話なのだ。これから章を進めていくうちに明らかにしていくつもりだ。

『人類史上最強 ナノ兵器 その誕生から未来まで』は、この新世代の兵器をわかりやすい言葉で解説する書だ。引用には注釈をつけ、そのソースを明示してある。本書を読めば、ナノ兵器のコンセプト段階から現在の配備状況に至るまでの発展史をたどることができる。開発段階にあるものも、配備間近のものも論じていく。本書では、ナノ兵器を今世紀後半の近未来戦の行方を左右する兵器の最右翼として描いていく。しかし一番重要なポイントは、ナノ兵器のコントロールは難しいという問題を提起することにある。人類滅亡をもたらさないかたちでのナノ兵器の開発・配備・戦争での使用は、果たして可能なのだろうか？

テクノロジーに警鐘を鳴らす書物は数多くあるが、そうした本にかぎって実行可能な解決策をひとつも提示していない。一方この本では、人類が絶対にナノ兵器によって滅亡させられないようにするための方策を示す。すべての問いに答えが出せると言うつもりはない。しかし本書を読み進めていくうちに、ナノ兵器の脅威は明確になっていくだろう。そして本書で提示するナノ兵器の脅威への対処策にしても、検討に値するものだと私は信じている。

　正直なところを言えば、本書で示すナノ兵器についての未来予測は、ひょっとしたら一〇年ほどずれているかもしれない。ナノ兵器開発にいそしむ国々は、その手のうちを秘密のベールで隠しつづけている。だから正確な開発スケジュールを把握することは難しいのだ。それでも入手可能な情報を精査し、点と点をつないでいけば、特定の種類のナノ兵器が実用化される時期について、根拠のある推測を下すことが可能だ。その実例を挙げてみよう。子供の頃の私の趣味はプラモデルづくりで、とくに兵器のモデルが好きだった。一九五四年、アメリカ海軍は世界初の原子力潜水艦〈ノーチラス〉号を進水させた。進水式は新聞各紙の第一面を飾り、人々はこぞって話題にした。多くのプラモデル好きたちと同様、私もノーチラス号のモデルをつくってみたいと思っていた。大手プラモデルメーカーのレベル社はそうしたファンたちの要望を酌《く》み、すぐさま同号のキットを発売した。レベル社のノーチラス号は精密そのもので、当時は極秘とされていた原子炉の位置すらほぼ正確に示していた。そのせいで、レベル社は海軍の秘密計画を知っていたのではないかという噂が流れた。どうやらレベル社の開発者たちは、インターネットがなかった時代に、入手したさまざまな情報の断片をつなぎ合わせる方法を知っていたと見える。この少年時代の思い出は、いまだに私の胸に深く刻み込まれている。私と友人たちは、とんだ笑い話だと思ったものだ。アメリカ海軍が悔しがることしきりだったことは言うまでもない。この話のポイントは明快だ。たとえ軍事機密であっても、入手可能な情報を集めて取りまとめると、精度の高い推測を導きだすことができるのだ。

この手法を使って、これから秘密のベールに覆い隠されているナノ兵器を覗《のぞ》いてみるとしよう。すでに存在するものも、これから数十年のうちに実用化されそうなものも見えてくるはずだ。そうやってナノ兵器が人類の存続をどれほど脅かすものなのか理解しよう。そして何よりも大切なのは、私たちがナノ兵器に滅ぼされないようにするために、どんな対策が必要なのか考えることだ。

第1部

第一世代のナノ兵器

1章　死をもたらす未知の存在

私は、何かが起きなかったという報告にいつも興味をおぼえる。知っての通り、知っていると知られていることがあるからだ。つまり知っていると、我々が知っているということだ。同時に、知らないと知られていることもある。知らないことを、我々は知っているということだ。しかし、知らないと知られていないこともある。知らないことを、我々は知らないということだ。我々の国やその他の自由主義国の歴史を顧みると、〝知らないと知られていないこと〟は往々にして厄介な問題となっていることがわかる。

ドナルド・ラムズフェルド

（大統領首席補佐官や国防長官などを歴任したアメリカの政治家。一九三二〜）

ナノ兵器による攻撃のシナリオ・パート1

これから語る話を読み終えるまえに、あなたは殺されるかもしれない。あなたを殺す人間はその場にいる必要もなければ、誰かにあなたを殺させる必要もない。あなたは一般市民で、軍隊の兵士ではない。あなたは介護施設の調理師で、国防上の重要人物ではない。政治団体との関わりは一切なく、政治に対する考えは先週のニュースの寄せ集めにしか過ぎない。友人からは気さくで人好きのする人間だと思われている。来月には愛しい婚約者と結婚式を挙げることになっている。冷蔵庫

のカレンダーは "やることリスト" と化していて、カメラマンやフローリスト、ケータリング業者などの名刺がまわりに貼ってある。ハネムーンの計画を立てている。子供をもうけようと考えている。そして今、朝のコーヒーを飲んでいるあいだだけこの本を開き、出勤準備に取りかかる。とこ ろがだ。なぜだかわからないが、あなたはナノ兵器による攻撃の、最初の犠牲者のひとりとなってしまう。攻撃を予知する手立ても、逃れる手立てもない。検視の結果、あなたの死因は "原因不明" と判定されてしまう。あなたの葬儀に参列する人々は嘆き悲しみ、口々にこう言う──どうしてあんないい人が?

　しかし彼らの悲しみは長つづきしなかった。　問いかけの答えも、あっというまに見つかる。彼らにしても、そのほとんどが数日のうちにあなたと同じ運命をたどることになる。あなたの死は始まりにしか過ぎなかったのだ。世界各国の主要都市で、おびただしい数の人々があなたと同じような症状を見せ、死んでいく。アメリカでは、疾病予防管理センターがこの事態の真相を摑みかけているところかもしれない。一部の政府高官は、合衆国が攻撃を受けていることを知っている。彼らとその家族は、政府機能を維持すべく安全な場所に避難している。大統領とその家族も、数日前からホワイトハウスの地下室に籠りつづけている。攻撃を仕掛けている敵の正体はいまだにわからない。政府は総力を挙げて敵の攻撃を無力化する手段の開発に取り組んでいる。大統領は国民に向けた演説と報復攻撃発動の準備を進めている。アメリカ全軍は、核による反撃が差し迫っていることを示す防衛準備態勢2の状態にある。潜水艦は世界中の海に展開している。戦略爆撃機の三分の一は二十四時間の空中待機状態にある。大陸間弾道ミサイルの発射準備はすべての発射基地で整っている。

18

ロッキー山脈の地下にある北米航空宇宙防衛司令部《NORAD》は外部から遮断される。

アメリカ国民が大統領の演説を今か今かと待つ一方、国内には恐怖の冷気が広がっていく。学校は閉鎖され、通りからは人影が消える。ここ四日間というもの、大手テレビネットワーク全局は史上空前の放送時間を費やして〝謎の死〟を報じつづけている。ニュースで流れるのは血の気も凍るようなデータと〝専門家〟の解説ばかりだ。番組の途中でも緊急放送が繰り返し流され、全国民に対して屋内にとどまり、可能なかぎり他人との接触を避けるように勧告している。食料品店と銃砲店は買い溜めと略奪の餌食《えじき》となり、棚は空《から》になっている。郵便や税務などの不要不急の行政サービスは三日前から全部停止されている。州軍が出動し、治安と病院機能を維持させている。患者は毎日どんどん搬送されてくるが、その多くはベッドの空きが出るまえに息を引き取っていく。そしてようやく、大統領はホワイトハウスの地下室から国民に向かって話しかける。

「国民の皆さん」大統領は厳粛な物腰で話しかける。「残念ながら、皆さんにお伝えしなければならないことがあります。九日前、合衆国および北大西洋条約機構《NATO》加盟国、そしてロシアと中国は、未知の勢力による新種の兵器を用いた攻撃を受けました。この新兵器は生物兵器と似ていますが、生物を使用していません。ある科学技術を用いてつくられた〈ナノ兵器〉と呼ばれるものです。現在、アメリカ最高の科学者たちが、この不可解な死に終止符を打つべく取り組んでいます。私は、この災厄を終わらせ、攻撃を仕掛けてきた相手に裁きを下すことができると確信しています。私が話しているこのあいだにも、合衆国およびNATO加盟国、そしてロシアと中国からなる連合軍が、我々が人類の敵だと判断したあらゆる国家とテロ組織に対して全面的な反撃を開始しています。

我々は断固たる決意を胸に、同志である国々を滅亡の危機から救うべく行動しています」

　ここで大統領は言葉を切ると深呼吸し、テレビカメラをまっすぐ見据えて話を続ける。「この非常事態にあっても、どうか皆さん落ち着いてください。そして国民同士、お互いに仲良くしましょう。困っている人々に手を差し伸べましょう。私は敵に裁きを下し、攻撃を続行する能力を打ち砕くことを約束します。外交努力で解決できる段階はもう終わりました。我々の攻撃は、我々が人類の敵と断じた者たちと、それを支援する者たちから、地球上で存在する権利を奪うでしょう。明日になれば、彼らは消え去っているでしょう。明日になれば、私たちは勝者となっているでしょう。アメリカ合衆国に神のご加護があらんことを」

　二分間の大統領演説が全米で放送されると同時に、人類史上最も壊滅的な反撃が始まる。しかし残念ながらこの反撃は、攻撃をおこなったと考えられるすべての相手を標的としなければならない。言い換えれば、合衆国とその同盟国にさらなるナノ兵器が放たれるのを阻止するために、疑いのある相手すべてに対して広範囲な攻撃を仕掛けるということだ。ほぼ一世紀ぶりに核兵器が解き放たれ、聖書のヨハネの黙示録さながらに、地球全体が〝火の池〟と化す。攻撃の実行犯と共に、おびただしい数の無辜《むこ》の民も死ぬ。人類の明日と未来は危ういものとなる――

　このシナリオはフィクションだが、かなりの現実味を帯びている。ナノ兵器は実在し、新たな兵器開発戦争は実際に繰り広げられている。中国・ロシア・アメリカは、数十億ドルを費やしてナノ兵器を競って開発している。ドイツなどの国々もこの三国に倣《なら》って開発している。これからの超大国とは最強のナノ兵器を保有する国だという新しい考え方が、開発競争に拍車をかけている。想像に難くない話だ。「これから語る話を読み終えるまえに、あなたは殺されるかもしれない」という、この章の冒頭の一文は、ナノ兵器による攻撃を端的に語っている。ある国が人工知能《AI》を搭載する超小型ロボットを開発したと考えてみよう。そのロボットは蚊と同じような行動を取る。そして他国の人間を探知して、毒物を注入する能力がある。飛翔昆虫のなかで最小のものはホソハネコバチの仲間だ。ホソハネコバチの体長はおよそ一三九マイクロメートル（一マイクロメートルは一〇〇万分の一メートル）。ここから殺人用超小型ロボットの現実的なサイズがうかがえる。その超小型ロボットが注入する毒物がボツリヌス菌だとしたら、その致死量は一〇〇ナノグラムだ（一ナノグラムは一〇億分の一グラム）。戦闘機とその最大積載量の加重配分比からこのロボットの最大積載量を割り出すと、一〇〇〇ナノグラムの毒物を運ぶことが可能だと推定できる。つまり理屈のうえで言えば、このロボット一体で一〇人の殺害が可能なのだ。検視ではボツリヌス菌は発見されず、死因は食中毒とされるのが関の山で、殺人とは判定されないだろう。地上最凶の毒物で、抗毒素がないボツリヌス菌H型を使えば、もっとひどいことになる。ボツリヌス菌H型が注入されたら、たった数日で脳が機能を停止して死に至る。ボツリヌス菌H型のことを知っている検視官はほとんどいない。さらに言えば、注入箇所は一般的な解剖技術では見つけることができない。つまり、死因は原因不明だが殺人の可能性はないと判断されることが十分考えられるのだ。毒物は数秒のうちに注入されるので、たぶん誰も気づかないだろう。刺される側はナノ兵器のこともボツリヌス菌H型のことも一度も聞いたことがないのかもしれないが、そんなことはもうどうでもいい。刺されたら最後、死にゆく運命にあるのだから。

ここまで蚊型の超小型ロボットについて論じてきた。現時点では存在しないが、そんなナノ兵器を可能にするテクノロジーは、今後わずか一〇年から二〇年のうちに確立されるだろう。このナノ兵器に対する防衛手段は今のところはない。途方もないホラ話だと思えるかもしれない。しかし刺されてもあまり痛みを感じない器具を使って毒物を注入するというアイディア自体は、とりたてて新しいものではない。ゲオルギー・マルコフ殺人事件がそのことを見事に裏付けてくれる。マルコフはブルガリア出身の小説家・脚本家で、一九六九年にイギリスに亡命して〈BBCワールドサービス〉のジャーナリストになった。ブルガリアの反体制派だったマルコフは、トドル・ジフコフ国家評議会議長が率いる共産党政権を批判していた。だからマルコフの死亡が報じられたとき、ブルガリア政府が口封じをしたのだという憶測が流れた。一九七八年九月七日、テムズ川にかかるウォータールー橋を渡っていたマルコフは、右腿の裏側に鋭い痛みを感じた。虫に咬まれたか刺されたような痛みだったという。振り返ると、傘を手にした男があたふたと通りを渡り、タクシーに乗って立ち去るのが見えた。BBCのオフィスに着くと、彼はこの出来事を同僚に話した。痛みを感じた箇所には小さな赤い腫れものができていた。痛みはまだ続いていた。夜になると彼は高熱を出し、病院に担ぎ込まれた。そして四日後の九月一一日、四九歳の彼は亡くなった。死亡した状況に不審な点があったため、ロンドン警視庁はマルコフの検視解剖を命じた。その結果、マルコフの脚の中からピンの頭ほどの大きさの金属球が見つかった。その小さな金属球にはふたつの穴が貫通していて、球の内部にX字状の空洞をつくっていた。そこに猛毒のリシンが微量ながら認められた。金属球にはリシンが注入され、穴は砂糖を含む物質で塞がれていた。そしてマルコフの体内に撃ち込まれると、穴を塞いでいた物質は溶け、リシンは血液中に入っていった。リシンに対する解毒剤はない。情報コミュニティ内で〈傘殺人事件〉と呼ばれているこのケースでは、毒物を運ぶ役割を果たしたのは小さな金属球だった。たしかに蚊型の超小型ロボットと比べたら、かなり大きいかもしれないが、それでもきわめて重要な要素を示している。つまり、ごく微量の毒物を含ませた、かなり小さな物体を使えば、人間を殺すことができるのだ。

それぞれが一〇〇ナノグラムのボツリヌス菌H型を搭載した、五〇〇億体の蚊型の超小型ロボットが世界中に放たれた状況を想像すれば、ナノ兵器は人類滅亡をもたらす脅威となり得ることは容易に理解できる。さらに恐ろしいことに、それだけ大量の超小型ロボットの運搬はスーツケース一個で事足りる。

現時点でのナノテクノロジーの発展予測では、二〇五〇年頃に人間の知性を超える人工知能（スーパーインテリジェントAI）を搭載したコンピューターが自己増殖型スマートナノボットを設計し生産するようになると考えられている。これについては以下の章で深く掘り下げることにする。

本章の重要なテーマは、ナノ兵器はサイエンス・フィクションではないことを理解することだ。事実、アメリカ軍はすでにナノ兵器を配備しつつあり、実戦投入も時間の問題となっている。とは言うものの、少々先走ってしまっているようなので、最初から順序立てて説明しよう。

ナノ兵器という言葉を聞いたことがないとすれば、あなたは多数派だ。〈ナノテクノロジー〉や

〈ナノ兵器〉という言葉を聞いたことがない人間はかなり多いというのが現実だ。アメリカのような技術先進国でも、成人層の大部分がナノ兵器というものが存在することにすら気づいていない。そこまで言ったら言い過ぎだろうか？　いや、そうではない。事実に眼を向ければわかることだ。

[2]**事実その1**――国家ナノテクノロジー・イニシアティブ《NNI》の任務内容と目標から、ナノ兵器は意図的に削除されている。にもかかわらず、予算のかなりの部分はナノ兵器の開発に割かれている。

二〇〇〇年、クリントン政権下のアメリカ合衆国政府はNNIをスタートさせた。NNIはナノテクノロジー関連技術の研究開発を国家主導でおこなうもので、二五の政府機関が研究および規制・管理をおこなう。その任務内容と目標にはナノ兵器の開発は含まれていないが、予算配分を見ると別の話が見えてくる。公式記録によれば、二〇一五年のNNI予算のうち、国防総省のプログラムが占める割合は九パーセント超。ところが、そのなかには国防高等研究計画局《DARPA》のような、ナノ兵器を含む最先端兵器を開発している機関への出資は含まれていない。どうやら、ナノ兵器開発に対して実際にどれだけの資金が投入されたかについては極秘事項となっているようだ。控えめに言って機密事項というところか。

どんな情報が極秘または機密とされるのか、ここではっきりさせておこう。一般的に、敵の手に渡れば安全保障に〝致命的な〟ダメージを与える情報は極秘に区分される。核兵器の発射コードがその例だ。機密扱いになるのは、安全保障に〝深刻な〟ダメージを与える情報だ。例としては耐放射線集積回路の製造技術がある。この回路は、核爆発につきものの高放射線環境でも機能し、核戦争が起こると高レベルの放射線にさらされるおそれのある通信衛星と戦略ミサイルに使用されている。

ハネウェル社で国防総省のプログラムに取り組んでいた当時、私は機密情報の取扱許可を得ていた。機密扱いになっている情報にアクセスする権限を持っていたということだが、アクセスできるのは〝必知事項〟、つまり仕事をこなすために必要な情報のみに限られていた。機密情報の取扱許可を得ているからといって、すべての機密情報にアクセスできるわけではない。ナノ兵器にどれだけの予算が注ぎ込まれているのかは、大統領も議員たちも知らないのかもしれない。たぶんナノ兵器開発にたずさわる技術者たちも、少なくとも機密情報の取扱許可を持っている。それはつまり、ナノ兵器の研究成果を学術誌に載せることも、学術会議で発表することも、マスコミの取材に答えることもできないということだ。ナノ兵器は秘密と極秘の壁に取り囲まれていると思えば、多くの人間がその名前を聞いたことがないのも当然だと言える。

覚えている方もいるかもしれないが、軍用のステルス機が広く知られるようになったのは、一九八九年一二月にアメリカ軍がパナマに侵攻した〈ジャスト・コーズ作戦〉と、一九九一年の湾岸戦争で使用されたからだ。しかしステルス機の具体的な開発計画がスタートしたのは一九七五年のことだ。ロッキード社の軍事関連の極秘開発部門〈スカンク・ワークス〉の技術者が、機体を多角面の形状にすると、レーダー反射波の波形がかなり低くなることを発見したのが始まりだった。照射されたレーダー波のほぼすべてを、レーダー受信機から離れたところに跳ね返すからだ。ステルス機の開発着手から配備までは一五年の歳月がかかっている。マスコミによるスクープと、ステルス機を実戦配備しなければならない事態が生じなければ、その存在は今でも極秘扱いのままで、一般市民は闇のなかに置かれていただろう。

事実その2――ナノ兵器に関する情報は、まったくと言っていいほど公開されていない。たとえば、〝世界で最も総合的で、最も権威のある年鑑〟と謳う『ニューヨークタイムズ年鑑』の二〇〇七年版では、三〇ページにもわたる目次に〈ナノ〉という言葉は載っていない。その一方で〈ナノ兵器〉をグーグルで検索すると、二〇一六年三月二四日時点で一万八〇〇件がヒットした。一見すると情報量は多いと思えるかもしれない。しかしより大きな見地に立ってみると、公開されている情報は実際には少ないことがわかる。〈核兵器〉という言葉を入力してみると、検索結果は一四〇万件超。ナノ兵器の情報量は核兵器の〇・七パーセントしかないのだ。ナノ兵器は比較的最近になって登場した兵器なのだから、情報量が少なくて当然だと思われる人も多いだろう。それはある程度は正しい。しかし先に述べたように、アメリカ政府は二〇〇〇年からナノ兵器の開発を進めているのだ。誕生した年の差だけが、ふたつの兵器の情報量の差を生み出しているわけではないことは明らかだ。この差は秘密度によるものだ。核兵器やステルス機とはちがって、アメリカ軍はナノ兵器を戦場で配備していない。その結果、機密扱いが続き、メディアで報道されることも少ないのだ。

[3]これらの事実を踏まえれば、二〇〇七年の全国世論調査で、アメリカ市民の七九パーセントがナノテクノロジーという言葉を聞いたことがないという結果を見ても驚くにはあたらない。二四六七人の成人を対象にしたハリス社の二〇一二年の世論調査でも、ナノテクノロジーという言葉を知らない人の割合は六〇パーセントを超えた。このように、現在でも多くのアメリカ人がナノテクノロジーという言葉を知らないということは純然たる事実なのだから、ナノ兵器については言わずもが

なだろう。

ここで疑問に思われるかもしれない。ナノ兵器の開発競争は何がきっかけで始まったのだろうか？　大抵の科学技術がそうであるように、ナノ兵器も最初は現実味のないアイディアに過ぎなかった。ナノテクノロジーの概念を最初に提唱したのは、物理学者でノーベル賞受賞者のリチャード・ファインマンだ。一九五九年一二月二九日にカリフォルニア工科大学で開催されたアメリカ物理学会の年次総会で、ファインマンは「原子レベルには発展の余地がある」と題する講演をおこなった。ナノテクノロジーやナノ兵器という言葉こそ使わなかったが、ファインマンはひとつひとつの原子と分子を操作することが可能になると述べ、その道筋を解説した。そんな手法は、当時はまだ存在しなかった。

ファインマンの講演に触発され、工学者のキム・エリック・ドレクスラーが一九八六年に画期的な著書『創造する機械――ナノテクノロジー』（邦訳は一九九二年刊、相沢益男訳、パーソナルメディア）を書き、ナノテクノロジーという言葉を世に広めた。一九九一年、ドレクスラーは『ナノシステム――分子機構の製造と計算』という論文でマサチューセッツ工科大学《MIT》の博士号を取得した。

ファインマンとドレクスラーをナノテクノロジーの父と呼んでも差し支えないだろう。ところが、ふたりの先見的なビジョンは、広く知れ渡っている科学界の定説をいろんな意味で超越していた。[4]ノーベル化学賞受賞者のリチャード・スモーリーは、二〇〇一年、〈サイエンティフィック・アメリカン〉誌でドレクスラーの研究を見識に欠けるものだと批判した。『科学における愛とナノサイズのロボット』――副題は『K・エリック・ドレクスラーおよびその他のナノテク技術者たちが夢想する、ナノメートル（一ナノメートルは一〇億分の一メートル）単位のロボットはいつになったら実現するのだろうか？　答えは簡単、実現などしない』――という論文で、スモーリーは技術面でさまざまな異議を唱え、一方のドレクスラーはそのひとつひとつを〝論点のすり替え〟だと反論した。悲しいかな、これが既存の科学の限界を超える説が提唱されたときの、科学界のいつもの反応なのだ。細かいことはさておき、歴史はドレクスラーに味方した。その証拠にナノテクノロジーは存在している。そして残念なことにナノ兵器も存在し、さらなる開発が続けられている。

　ところで、ナノ兵器のことはどこまでわかっているのだろうか？　驚くなかれ、山とあるナノテクノロジーの情報のうち、軍事利用について言及したものはたった〇・〇四パーセントしかない。が、ここで言っておこう。誰でも簡単に手に入れることができる情報というものは最新ではなく、結構時間が経っているものが多い。いくつか例を挙げてみよう。

　[5]二〇〇七年、ロシア軍は世界で史上最強の非核爆弾の実験に成功した。〈すべての爆弾の父〉と呼ばれるこの燃料気化爆弾の重量は七トン。にもかかわらず、それより重い一〇トンの重量があるアメリカ軍の大規模爆風爆弾兵器《MOAB》――通称〈すべての爆弾の母《Mother Of All Bombs》〉――の四倍の威力がある。ナノテクで強化されているからだ。ロシアに対抗して、アメリカ国防総省はナノアルミニウムなどの金属ナノ粒子を使った、通常爆弾以上の威力を持つ小型爆弾の製造が可能だと示唆した。そうした爆弾の配備は機密扱いになっているので、アメリカがロシアの非核爆弾と同等か、それ以上に強力な爆弾を保有しているかどうかはわからない。それでも、アメリカがそんな爆弾を持っていることはほぼ確実だろう。

ナノテクノロジーを応用したアメリカ海軍のレーザー兵器

二〇一三年、アメリカ海軍は揚陸艦〈ポンス〉にレーザー兵器《LaWS》システムを二〇一四年に搭載すると発表した。レーザー兵器は新機軸の兵器というわけではなく、開発着手は一九五〇年代の冷戦期までさかのぼる。それでもLaWSは多くの人々、とくにSFチックな兵器に詳しいトレッキー（『スター・トレック』のファン）たちの想像力に火をつけた。『スタートレック』に出てくる架空の兵器〈フェイザー〉のように、この新型レーザー兵器も戦術使用の幅は広く、敵の航空機を破壊するだけでなく限定的なダメージを与えたり、敵兵を殺害するだけでなく失神させたりすることができる。このレーザー兵器を実現させた技術は当然ながら機密扱いになっている。それでもさまざまな記事が、ここ一〇年で急速に発達したナノテクノロジーが半導体レーザーの内部コンポーネントの性能を大幅に向上させ、兵器として配備可能にしたと述べている。前ページの写真は、アメリカ海軍が公表した、揚陸艦〈ポンス〉に搭載されたLaSWだ。

きわめて近い将来に実用化されそうなナノ兵器のなかで、一番恐ろしいものは超小型核爆弾だろう。事実、超小型核爆弾はロシア、ドイツ、アメリカで開発段階にある。具体的にどんな技術が応用されているのかは機密扱いになっているが、基盤となっているものは公《おおやけ》になっているものばかりだ。たとえば、高出力レーザーを用いれば、重水素化トリチウムを使った小規模の熱核融合反応を引き起こすことができる。ナノテクノロジーを応用すれば、高出力レーザーと核融合物質はきわめて小さくすることができ、重量が二キロから三キロという、上着のポケットに収まるほどの、非常にコンパクトな核爆弾をつくることができる。それでいて破壊力は一トンから一〇〇トン分の通常爆薬に相当し、しかも放射性降下物（いわゆる死の灰）はほとんど生じない。厳密に言うと大量破壊兵器ではなく、まったく新しいカテゴリーの兵器だ。使用する核融合物質はごく微量なので探知はきわめて難しい。破壊範囲が限定され、死の灰もほとんど生じず、おまけに巡航ミサイルのような既存のシステムを使用して発射することができるとくれば、現代戦ではたまらなく魅力的な兵器だと言えよう。戦争での核攻撃が現実のものとなるとすれば、使用されるのは超小型核爆弾になる可能性が高い。

これまで挙げたナノ兵器は、比較的最近のごくわずかな例にしか過ぎない。これからさらなる例を紹介していくつもりだ。しかしここで自問していただきたい。この本を読むまえに、ロシアの〈すべての爆弾の父〉、ナノテクノロジーを応用したレーザー兵器、そして超小型核爆弾のことを知っていただろうか？　たぶん全部は知らなかったはずだ。先に示したように、世論調査では多くのアメリカ人がナノテクノロジーという言葉を知らなかったが、だからと言ってナノ兵器は恐れるに足りないものというわけではなく、破壊的な威力を持つことに変わりはない。一九四五年八月に原子爆弾によって命を奪われた広島と長崎の市民たちは〝原子爆弾〟という言葉を一度も聞いたことがなかった。日本最高の科学者たちにしても、原子の持つ力が解放されると、ここまで壊滅的な破壊をもたらすとは思っていなかった。このように歴史は教えてくれる――無知は、恐るべき兵器に対する盾にはならないのだ。

　では、ナノ兵器はどれほど恐ろしいものなのだろうか？　一番シンプルなナノ兵器であるナノ粒子について考えてみよう。ナノ粒子とは固有の物性を有する、直径一～一〇〇ナノメートルの単一体だ。その応用範囲は合成洗剤や化粧品、電子機器、光学装置、医薬品、食料品梱包材など多岐にわたる。そんなものをどうやって兵器にできるというのだろうか？　答えは簡単、ナノ粒子のなかにはきわめて毒性の高いものがあるのだ。ナノ粒子が人間と動植物にどのような影響を与えるのか、実はまだよくわかっていない。それでも、きわめて微細なサイズのナノ粒子は、既存の毒素よりもすんなりと生体組織に吸収されることはわかっている。〝お肌の奥に浸透する〟という化粧品の宣伝文句どおり、ナノ粒子は生体膜を通過して細胞や組織、器官に達することができる。大きなサイズの毒素はそれができない。一部のナノ粒子は兵器に転用可能なことを如実に示す科学的証拠もある。ところが、そんな恐ろしいナノ粒子を含む、ナノテクを応用した生産物を規制する機関は、驚いたことにひとつも存在しないのだ。当然、ナノ兵器開発に邁進している国家が、毒性の強いナノ粒子の開発に眼を向けることもあり得る。それぞれの特性にもよるが、毒性ナノ粒子を吸入したり食べたりすると、取り返しのつかない健康被害をもたらしかねない。敵国の水源や自然環境、もしくは食物連鎖のなかのどこかに毒性ナノ粒子をばらまけば、何百万もの人々や動物を殺すことが可能なのだ。まずいことに、相当量の毒素に晒されなければ、症状は発現しないことが研究でわかっている。ということは、毒性ナノ粒子による初期症状が現れるまで数週間から数カ月かかるかもしれない。さらに悪いことに、ナノ粒子を探知するには高価で複雑な装置が必要だ。何らかの症状が出てきたとしても、その原因が毒性ナノ粒子だとわかるまで数日から数週、ひょっとしたら何カ月もかかるだろう。そして初期症状が現れ、疾病予防管理センター[C][D][C]もしくは世界保健機関[W][H][O]が最終的に原因を突き止める頃には、国民の大部分はとっくに致死量を摂取していて、もはや手遅れの状態になっているだろう。

これから続く各章で論じていくナノ兵器は複雑な仕組みをもつものだ。一番シンプルなナノ粒子をここで取り上げたのは、四つの点で今後の参考になるからだ。

1　ナノ粒子は広範囲にわたって商業利用されているので、私たちはすでにナノ粒子に晒されている。アスベストや水銀のように、毒性ナノ粒子は時間をかけて人間と動植物に作用し、回復不可能な害を及ぼすことができる。

2　ナノ粒子は、ナノ兵器の製造は簡単だということを示してくれる。簡単なナノ兵器は複雑な分子構造を必要としない。毒性ナノ粒子だけがあればいいのだ。その製造法を把握している国はすでに存在する。

3　ナノ粒子は、標的にナノ兵器攻撃を加えることは簡単だということを示してくれる。大都市ひとつを壊滅させるには、毒性ナノ粒子を詰め込んだスーツケースが一個あればいい。

4　毒性ナノ粒子の特筆すべき点は、恐ろしい結果を引き起こすにもかかわらず、その存在はほとんど知られていないところだ。しかしながら、回復不能な害を及ぼすほどの威力のないナノ粒子でも、それなりに恐ろしいものなのだ。そこが大いに憂慮すべき点だ。ある研究によれば、ナノ粒子を使えば人間の食欲を減退させ、何も食べる気が起こらないところまで追い込むことができるという。そこまでいけば人間は栄養失調になってしまう。栄養失調はさまざまな症状を見せるが、一番厄介なのは精神面への影響で、気持ちが落ち込んだり怒りっぽくなったり、めまいを覚えたりする。そんな兵士だらけの軍隊が実戦で役に立つはずがない。

次世代の軍事兵器のなかの〝大物〟は、皮肉なことに本質的に眼に見えないほど小さい。その開発は〝世界をより安全なものにする〟というお題目の下に進行している。しかし現実は、世界は安全になるどころか、その反対だ。ナノ兵器の出現は人類滅亡をもたらすかもしれないのだ。ナノ兵器の誕生を目の当たりにして、私はある言葉に思いをはせる。それは、アメリカの物理学者で、マンハッタン計画で科学者チームを率いたロバート・オッペンハイマーが、人類初の核実験についてのインタビューで語った言葉だ。

我々は、世界は今とは同じではなくなることを知った。笑うものがいた。泣くものもいた。が、ほとんどのものは無言だった。ヒンドゥー教の聖典『バガヴァッド・ギーター』の一節が心に浮かんだ――王子につとめを果たすよう言い聞かせるヴィシュヌ神は、王子を感服させるために四本の腕がある姿に変身し、こう言った。「我は死なり、世界の破壊者なり」たぶん、我々全員がそんな思いを抱いていたのだろう。

核兵器と同様に、ナノ兵器は大変革をもたらすものだ。しかしそのコントロールの難しさと破壊力は、まちがいなく核兵器を上回ることになるだろう。

2章　原子を組み立てる

> 私の知り得るかぎり、原子をひとつずつ動かすことを不可能であるとする物理法則は存在しない。
>
> リチャード・ファインマン

原子と分子を、まるでレゴブロックのように組み立てる——そんな話、冗談のように思えるかもしれない。しかし、それこそがまさしくナノテクノロジー工学なのだ。どうしてそんなことが可能なのだろう？　実際のところ、可能になったのは比較的最近のことだ。ところが、そんなナノテクノロジー工学をもう何十億年もこなし続けているものがいる——母なる自然だ。そのゆるやかな進化の過程で、自然は地球で最初の〝科学者〟としてナノ単位の作業をおこない、ナノ粒子やナノ構造、ナノシステムをつくりつづけてきた。わかりやすい例で考えてみよう。

浜辺に立つと潮の香りがする。海の波しぶきのような自然現象がつくった塩のナノ粒子が鼻腔の中に入り、潮のにおいを嗅《か》ぎ取ることができるからだ。浜辺を歩くと、アワビの貝殻が落ちている。ここにもまた母なる自然の手になるナノテクノロジー工学の驚異を見いだすことができる。アワビの貝殻の成分の九八パーセントは炭酸カルシウムだが、同じ組成の石灰岩の三〇〇〇倍の強度がある。厚さ五〇～二〇〇ナノメートルの層が何重にも重なるナノ構造になっているからだ。

　磯辺に目を転じてみよう。ニュージャージー州に住んでいた子供の頃、私は祖父母に連れられてときどき海辺に行っていた。そのたびに祖父母は、海に突き出た石造りの突堤でムール貝を採っていたものだ。ムール貝を採ったことがある方ならわかるだろうが、強力接着剤でくっついているみたいに、力を込めてもなかなか岩から引き剝《は》がせない。祖父母はドライバーを使ってムール貝をたくさん採っていた。帰りの電車のなかで、私はムール貝が一杯詰まった紙袋を抱え、夕食に出てくるはずのムール貝のスパゲティのことで頭が一杯になっていた。子供だった私は、ムール貝がどうして海中の岩にくっつくことができるのか知るよしもなかった。でも今ならわかる。ムール貝が使っている接着剤も、自然の手によるナノテクノロジーの賜物のひとつなのだ。ムール貝は糸状の足を使って岩とくっつくのだが、そのとき〝ナノバブル〟とも言うべき、分子の泡を放出する。その小さな泡ひとつひとつの中心には、さらに微量の粘着物が収められている。それぞれのナノバブルは、ミセルと呼ばれる親水性のある分子の集合体で包まれている。岩に達するとナノバブルは弾け、粘着物を岩に堆積させてムール貝をくっつけるのだ。

　自然のナノテクノロジーは、海から遠く離れたところにも存在する。内陸部に暮らしていて浜辺を散策することができなくても、あたりを見てみるといい。陸地は陸地で素晴らしいナノテクノロジー工学だらけだ。例を挙げてみよう。夏のあいだに松林を歩いていると、常緑樹のみずみずしい香りがするだろう。この香りの正体は松の樹脂から生じる、ナノサイズの炭化水素化合物であるテルペンだ。人間の鼻は、こうしたナノサイズの分子を十分嗅ぎ取ることができるし、大抵の人間はこの香りが好きだ。素晴らしいことではないか。

池に近づくと、水辺の茂みから池に飛び込むカエルたちを目にするかもしれない。カエルたちは、人間が近づいてくるのをどうやって知ったのだろう？　ここにもまた、卓越した自然のナノシステムが存在している。支える柱のないバルコニーを想像してみてほしい。こうしたバルコニーは片持ち梁《ばり》と呼ばれる、片側だけが固定されている簡単な建築構造になっている。建物から突き出た片持ち梁の重要な力学的特性は、たとえばバルコニーに人が乗ったときのように構造負荷がかかると、応力は固定点に集中する。つまり、固定点は構造負荷に対してきわめて敏感に反応するのだ。それと同じことが、カエルの耳の内部で起こっている。カエルの内耳には、球形嚢《のう》の有毛細胞というナノサイズの片持ち梁がある。音がすると、有毛細胞は三ナノメートル動く。そうやってカエルは人間の足音を探知しているのだ。

シカゴのような大都市にいても自然のナノテクノロジーは実感できる。たとえばチョウ。チョウの翅《はね》の複雑な色彩は、鱗粉《りんぷん》というナノ粒子が生みだしている。この鱗粉が、屈折率が周期的に変化するナノ構造体であるフォトニック結晶と同じ役割を果たして可視光線に干渉し、その表面特性に結びついた色をつくりだしている。都市の公園で散歩すると、ここでもまた母なる自然が織りなすナノテクノロジーの妙技を目の当たりにするだろう――つまり草花のことだ。ここではキンレンカの花を取り上げてみよう。

キンレンカの葉の表面は、ハスの葉と同じようにナノ構造になっている。ごく微細な綿毛のようなものがみっしりと生えていて、水滴が葉の表面に付着しないようにしている。水滴は綿毛の上を転がり、付着している泥や土などの異物を絡め取りながら落ちていくのだ。このプロセスは〈ロータス効果〉と呼ばれている。こうやって葉の表面をきれいにしておくのは、光合成を効率よくおこなえるようにするためだ。光合成とは、緑色植物と一部の微生物が日光をエネルギー源として、吸収した二酸化炭素と水の原子を組み換えて炭水化物を合成して酸素を放出する、原子および分子レベルで生じるナノプロセスだ。光合成と、そこから生じる酸素がなければ、地球の動物は進化しなかっただろう。

　私たち人間もナノレベルのプロセスをおこなっている。人体の全細胞には、二重らせん構造のデオキシリボ核酸（ＤＮＡ）が存在する。その直径はわずか二ナノメートルしかないにもかかわらず、人体の成長・機能・複製に関する遺伝的指令を抱えている。それどころか、ウイルスの一部を除く全生物は、それぞれの遺伝情報をＤＮＡに託しているのだ。それでも、人体を形成するという点では、自然はナノサイズのＤＮＡ分子を使うという域をはるかに超える業《わざ》を見せる。たとえば、ナノサイズのたんぱく質は人体とその他多数の動物の構成要素の大部分を形成しており、その範囲は大きな筋組織から微細な抗体にまで及ぶ。

　ひとつのナノレベルのプロセスがうまく機能すると、母なる自然はそのプロセスを広範囲に使おうとする。たとえば、ミセルは人間の体内にもある。ビタミンＤやＥは、親水性のミセルに包まれた状態で体内を移動して吸収される。ムール貝のナノバブルが海中を移動するのと似ている。人体内のナノレベルのプロセスは、ビタミンの移動を妨げることはない。人体にとって酸素は必要不可欠だ。酸素がなければ人間は三分以内に死んでしまう。最も原始的な社会であっても、呼吸は生死に関わるということは知られている。呼吸とは体内に酸素を取り込むことだが、酸素を吸い込めばそれで終わりという話ではない。肺に吸い込まれた酸素は、一ナノメートルにも満たない大きさの赤いたんぱく質であるヘモグロビンが、血流に乗って全細胞に届ける。このナノレベルのプロセスがなければ、人間を含めた全脊椎動物は死んでしまう。

母なる自然が他の追随を許さない、有能なナノテクノロジー工学者であることはまちがいない。その自然から遅れること三〇億年、人間はようやくナノテクノロジーに着手した。それから現在に至るまで、私たちの最高の科学者たちは自然が成し遂げてきた、おびただしい数の偉業に肩を並べることができずにいる。努力なら散々尽くしてはいるのだが……そうした努力のひとつが、自然のなかのナノレベルのプロセスをコピーしてみるというものだ。炭酸カルシウムの原子配置を組み換えて、アワビの貝殻と同じ強度を再現するという試みも続いているのだが、今のところ成功には程遠い。この分野は著しい進歩を見せてはいるのだが、それでもアワビの貝殻の一〇分の一の強度しか実現していない。

ここまで挙げた例は、自然のなかに見られるナノ粒子・ナノ構造体・ナノシステムのほんの一部にしか過ぎない。ここで重要なポイントを示そう――ナノテクノロジー工学は、人間の誕生のはるか以前から存在している。実際のところ、地球上のあらゆる生命体はナノテクノロジー工学に支えられているのだ。

自然が原子をレゴブロックのように組み立てる力を身につけているのは確かなようだ。それでは、人間はどうやってナノ粒子・ナノ構造・ナノシステムを組み立てればいいのだろうか。

人間の手によるナノテクノロジーが発達したのは、科学界が〝大嵐〟に見舞われたおかげだと見ることができる。一九八一年から八九年にかけての比較的短い期間に、三つの重大事件が立てつづけに起こった。その嵐が過ぎ去ったあとに、ナノテクノロジーという研究分野が姿を現した。その三つの事件とは——

1　一九八一年の走査《S》型トンネル《T》顕微《M》鏡の発明。ＳＴＭの登場により、ひとつひとつの原子を初めて人間の眼で確認することができるようになった。二〇世紀初頭、量子力学を中心とする研究により、原子が存在することが明らかになり、その振る舞いを知るうえでの手掛かりを与えてくれた。それでもまだ理論上の存在だった原子を、ＳＴＭはこれ以上ないほど鮮やかに見せてくれた。開発したＩＢＭチューリッヒ研究所のゲルト・ビーニッヒとハインリッヒ・ローラーは、一九八六年にノーベル物理学賞を受賞した。

2　一九八六年のキム・エリック・ドレクスラーの時代を画する書『創造する機械——ナノテクノロジー』の出版。この本のなかで、ドレクスラーは原子を組み立ててナノサイズの装置をつくることができると述べた。彼が提示したコンセプトとＳＴＭの登場により、原子を操る技術が真剣に検討されるようになり、広く注目を集めるようになった。

3　一九八九年、ＩＢＭの物理学者ドン・アイグラーがＳＴＭの先端を使って三五個のキセノン原子を動かしてニッケルの表面に並べ、〈ＩＢＭ〉の文字を描いた。ひとつひとつの原子を操作した、史上初のケースだ。ＳＴＭを使えば、原子を見ることができるだけでなく、動かして置くことができることがわかった。

二〇〇〇年代初頭、ナノテクノロジーが研究分野として出現した。ここで〝分野〟という言葉を付けくわえたのには意味がある。1章で取り上げた国家《N》ナノテクノロジー《N》・イニシアティブ《I》は、ナノテクノロジーを〝一～一〇〇ナノメートルの大きさの物質を取り扱う科学、工学、科学技術〟と定めている。この定義は科学界で広く受け入れられているが、ここではっきりさせておきたいポイントがある。この定義には、私たちが毎日目にしている、普通の大きさの生産物は含まれないということだ。たとえそれがナノレベルのプロセスでつくられているアワビの貝殻のように、原子をひとつずつ、もしくは一層ずつ積み上げるという工程でしかつくることのできないものであってもだ。当然、ＮＮＩの研究開発対象はあくまでナノテクノロジーの定義の範囲に収まる、一～一〇〇ナノメートルというナノサイズの生産物に限られる。このＮＮＩの解釈は、さまざまな科学分野にナノテクノロジーの研究と応用の門戸を開いた。こうして、表面科学、有機化学、分子生物学、半導体物理学、微細加工技術などがナノテクノロジーと関わりを持つようになった。つまりナノテクノロジーとは、〝ナノサイズ〟というたったひとつの共通項を持つ、多種多様な科学〝分野〟を指す言葉だと見ていい。

二〇〇〇年代のナノテクノロジー勃興期の状況をつぶさに見てみると、この新しい研究分野が科学界のなかでどれほど真摯に受け止められていたのかを示す出来事がいくつも見つかる。科学界のみならず、各国の政府と産業界も並々ならぬ関心を募らせていたこともわかる。重要な出来事をいくつか紹介しよう。

科学界

二〇〇〇年代初頭、ナノテクノロジーはドレクスラーが提案したビジョンに到達できるかどうかについて、科学界の大物たちが議論を開始した。議論の輪にはドレクスラーはもちろん、ノーベル化学賞受賞者のリチャード・スモーリー、化学者のジョージ・M・ホワイトサイズ、人工知能研究の世界的権威レイ・カーツワイルなどがはいっていた。ドレクスラーは『創造する機械――ナノテクノロジー』のなかで、ナノテクノロジーは最終的にはナノサイズの〝組み立て機構〟の開発を促すと主張している。この組み立て機構は、原子をひとつひとつ組み立てるというやり方で自分を複製したり、複雑なシステムを構築したりすることができるものだ。多くの専門家たちは、この手法を〈分子機械〉と呼んでいる。この議論は理論の域を脱するものではなく、あくまでナノテクノロジーへの科学的関心を高めることを目的としていた。二〇〇四年、イギリスの王立協会と王立工学アカデミーは『ナノサイエンスとナノテクノロジー――有用性と不確実性』と題する、ナノテクノロジーがもたらすチャンスと潜在的リスクを列挙した報告書を出した。とりわけナノ粒子についてはその健康被害を指摘し、規制の必要性を訴えている。このようにナノテクノロジーについての観念的議論がなされても、王立協会がその危険性を示す報告書を出しても、ナノテクノロジーの成長速度はほとんど落ちなかった。各国の政府と産業界はナノテクの可能性を早い段階で理解し、その推進に動いた。

政府

各国政府はナノテクノロジーに予算をつけ、研究を主導するようになった。二〇〇〇年にはアメリカ政府が国家ナノ《N》テクノロジー《N》・イニシアティブ《I》を発足させ、毎年一〇億ドル単位の予算を投入して研究を進めている。ヨーロッパでは、ヨーロッパ《E》連合《U》加盟国からなる協働機関である〈欧州研究開発フレームワーク計画〉がナノテク研究を進めている。中国も二〇〇〇年から研究に着手し、これまで費やされた予算はアメリカに次いで多い。アメリカ同様、中国も予算のかなりの部分をナノ兵器に注ぎ込んでいる。ロシアは、二〇〇七年に国有のナノテク企業を設立する法案が通過したのを受けて、ナノテク研究を開始すると発表した。しかしロシアの取り組みは、苦しい財政状態と汚職のせいで先行きは不透明だ。

産業界

ナノテクノロジーをベースにした市販用製品は、二〇〇〇年代初頭から大量に出まわり始めている。その種類は、自動車用の軽量バンパーから肌の奥深くに浸透する化粧品に至るまで非常に多い。当時、技術先進国のほぼすべてがナノテクを取り入れた製品を使っていた。しかしその製品がナノテクの賜物だということを知っている人はほぼ皆無で、その状況は現在に至るまで変わっていない。

先に述べたように、ナノテクノロジーの研究と応用は、実に多くの専門分野にまたがっている。だからこそ、とんでもない楽観主義と重大な懸念を伴うものだと言える。興味深いことに、ナノ兵器としての有効性を示す重要なデータが出てくるずっとまえから、ナノ粒子の健康面に関する問題は認識されていた。

これまで語ってきたことを三つのポイントにまとめてみた。

1　ナノテクノロジーは実在する。

2　ナノテクノロジーは二〇〇〇年に本格的な研究が始まった、多くの専門分野にまたがるテクノロジーだ。

3　始まりこそ地味なものだったが、世界各国はナノテクノロジーに商業的・軍事的価値を見いだすようになった。

ナノテクを駆使して何かをつくるには、基本的にふた通りの方法しかない。ひとつ目は〈ボトムアップ・アプローチ〉で、もっぱら原子および分子を使ってナノ構造体を組み立てる方法だ。分子認識（二個以上の分子の化学結合）によって、部品となる分子そのものが自力でナノマテリアルやナノデバイスを構成する例もある。つまりボトムアップ・アプローチとは原子を操ることなのだ。ふたつ目の方法は〈トップダウン・アプローチ〉で、大きな物質からナノサイズの物質をつくるものだ。一般的に原子を操作せずに、材料となる物質を微細加工してナノサイズのものに仕上げていく。このふたつのアプローチについて、少しだけ掘り下げてみよう。

ボトムアップ・アプローチ

小さな構成要素を組み立てて、大きくて複雑なものをつくる方法のこと。先に挙げた、STMの先端で原子に触れて動かすやり方が一般的なもののひとつだが、今では原子間力顕微鏡《AFM》のほうが好んで使われている。AFMとSTMのちがいは、AFMは観察する物質の表面に軽く触れるが、STMはまったく触れないところだ。アイグラーはSTMの先端を使って、ニッケルの表面に三五個のキセノン原子を並べてIBMという文字を書いた。同じようにナノサイズの文字を描く方法に、さまざまな物質の表面に多種多彩な〝インク〟を使って直接描画するディップペン・ナノリソグラフィー《DPN》がある。羽根ペンで紙に文字を描くように、技師はDPNの先端にインクとなる化合物や混合物をつけ、それをそのまま紙にあたる物質の表面に接触させる。最も価値のある応用例のひとつに挙げられるのは、DPNの先端に生体物質を付着させて組み立てるバイオセンサーだ。

さまざまな構造を持つ分子を製造する合成化学も、ボトムアップ・アプローチのひとつだ。この技術は分子そのものが自力で有効な構造に組みあがっていく〈分子の自己組織化〉を利用するもので、特定の化学物質が相互作用して別の物質を生みだす。第一に挙げられる応用例は、ナノ粒子などのナノマテリアルの生成だ。

トップダウン・アプローチ

このアプローチは比較的大きな物質を削ってナノレベルのものをつくる方法だ。彫刻家が鑿《のみ》で素材を削って彫像をつくるようなものだ。このアプローチの好例は半導体集積回路製造で見られる。光もしくは電子線を照射すると保護膜に変化するフォトレジストをインク代わりにして、素材の表面にDPNを使って回路パターンを描く。フォトレジストが回路状の保護膜を形成すると、今度はエッチングプロセスで余分な素材を除去し、ナノサイズのトランジスタができあがるという仕組みだ。トップダウン・アプローチを使ったこの製法は〈ナノリソグラフィー〉と呼ばれる。[6] IBMは二〇〇〇年にナノリソグラフィーを使い、電子回路と機械システムをナノサイズで融合したナノ電気機械《NEMS》システムの製造を実証した。

ナノテクノロジーを使ってナノサイズの物質を製造する方法はボトムアップ・アプローチとトップダウン・アプローチのどちらかに分類されるが、そもそもナノテクノロジーは多くの専門分野にまたがるものだ。したがって、ナノテクベースの生産物の製造方法の種類も著しい拡大を見せている。たとえば、生物工学《バイオテクノロジー》とナノテクノロジーを合体させた研究分野であるナノバイオテクノロジーでは、ナノ粒子の合成に微生物を使っている。かくして製造法のリストはどんどん長くなっていく。

ここまでナノテクノロジーについていろいろと取り上げてきたが、ナノレベルの世界で生じる、不可思議な量子力学的現象を語らずにこの章を終えることはできない。量子力学とは、ナノサイズや原子および素粒子レベルのサイズにおける質量やエネルギーの振る舞いを説明する物理学の一分野だ。一般的に物質の特性は、その物質がナノサイズになれば大きく異なってくる。ナノサイズの物質の特性、たとえば融点・発光性・電気伝導性・透磁率・化学反応性は量子力学で決定される。それに加えて、特性によってはサイズで決まってくる。たとえば、同じナノマテリアルであっても、サイズの大きなもののほうが小さいものより伝導性は高くなる。電気と熱は物質内の自由電子が伝えていくが、そのとき自由電子は他の粒子と衝突しながら移動する。これらの粒子が衝突してから、次に衝突するまでに進む距離の平均を平均自由行程と言うのだが、大きいサイズのナノマテリアルのほうが平均自由行程が大きく、結果として伝導性が高くなるのだ。伝導性が高い金属でも、ナノサイズになれば伝導性が低くなり抵抗も増す。金のナノ粒子を例にして、ナノレベルにおける量子力学の効果について理解を深めてみよう。

　直径の異なる金のナノ粒子をコロイド懸濁液にしたものを、それぞれ瓶に分けて入れてみる。すると一方は赤く、もう一方は青く見える。[7]赤く見えるほうの金のナノ粒子は直径三〇マイクロメートルだ。そして直径を九〇マイクロメートルまで大きくすると、色は青に変わる。大きな状態の金の色である黄色にはならない。金の自由電子の動く範囲はナノ粒子のサイズで決まるので、結果として電子の光に対する作用が変わり、ちがった色に見えるのだ。

　ナノスケールでの量子効果は幅広い分野での応用が可能で、その意味は大きい。量子ナノサイエンスという研究分野すら存在するほどだ。量子ナノサイエンスは、ナノレベルでの量子力学的な振る舞いをベースにした、新しいタイプのナノデバイスとナノマテリアルの開発を目指すものだ。

　この章の目的は、ナノテク研究者たちがナノサイズの物質をつくりあげる際に用いる基本的なテクニックと、彼らが直面している量子力学上の課題についての基礎を学ぶことにある。ナノテクノロジーは新しいものではないことはすでに学習済みだ。まさしくそのとおり、自然は何十億年にもわたってナノプロセスを使ってナノ構造体をつくりつづけている。一方、人類がナノテクノロジーを研究分野とし、ナノ構造体をつくるようになったのは西暦二〇〇〇年のことだ。それ以降、研究者たちの努力によりナノテクを応用した生産物の製造法は驚異的な進歩を遂げてきた。そうした生産物は私たちの日常に影響を及ぼしている。それなのに私たちは、その背後にナノテクノロジーがあることに気づいていない。そして恐ろしいことに、そうした素晴らしいナノテクの産物のなかでも不気味な存在感を放ち、それでいてそのほとんどは世間の眼から隠されているものがナノ兵器なのだ。

3章　平和利用の裏で

テクノロジーが変化をもたらすエンジンなら、ナノテクノロジーは人類を未来に運ぶ燃料だ。だとすれば我々は、その役割を果たせるために必要な量を把握し、人類のニーズに応えるものにするべく知恵を働かせなければならない。

ナターシャ・ヴィタ＝モア
〈ビジュアルアーティスト、科学技術の倫理的問題を提起する国際組織〈ヒューマニティ・プラス〉の理事長〉

今やナノテクノロジーを応用した製品はごくありふれたものになっている。ほぼすべてのハイテク企業はナノテクを使って製品を製造したり、ナノサイズの構造体を自社製品に取り入れたりしている。しかしここで大きな疑問が生じる。そうした製品は、どのレベルでナノテク製品と見なされるのだろうか？

何をもってナノテク製品とするのか。これは難問だ。ここで欧州委員会と国際化学工業協会協議会[8]のナノマテリアルの定義を見てみよう。

欧州委員会：ナノ領域の寸法を有する粒子を五〇パーセント以上含むもの。

国際化学工業協会協議会：一定の割合のナノ粒子を含むもの。

両者の定義は似ていると言えるし、かなりちがうとも言える。どちらとも数値化で苦労している様子がうかがえる。現時点では、ナノテク製品についての世界共通の定義は存在しない。

定義づけと同様に、ナノテク製品の分類化も難しい。[9] 二〇一二年に開催された、ナノテクノロジーの経済的影響を評価する国際シンポジウムで、六つの明確なカテゴリーが提示された。その六つとは、輸送手段および航空宇宙／医薬品／電子機器／エネルギー／先端素材／食品および食品梱包材だ。

本来ならば、この分類に沿ってカテゴリーごとのシンポジウムを開くべきなのだろう。ところが実際は、このカテゴリー分けではひとつのカテゴリー内のどれが民生用なのか、工業用なのか、医療用なのか、それとも軍事用なのかがわかりづらくなってしまう。たとえば先端素材には、民生用から軍事用に至る複数の分野に応用可能なものが含まれている可能性がある。この点をはっきりさせるために、本書ではナノテク製品を四つのカテゴリーに分類してみる――民生用、工業用、医療用、そして軍事用だ。

普通に見れば、各カテゴリーの製品はそれぞれ別個のものだが、使用しているテクノロジーは重なり合っている可能性がある。同じことはさまざまなテクノロジーで見られる。たとえば猟銃の銃身をつくる技術は、軍用のアサルトライフルの銃身をつくる技術と多くの点で一致している。橋梁《きょうりょう》に使用される工業用鋼鉄は、軍用の装甲板と同じものが使われることがある。重要なポイントは、ナノテクノロジーは実現技術だということだ。ナノテクノロジーはひとつしかないのかもしれないが、その応用範囲はかなり広い。

整合性を持たせるため、ここでナノテク製品の定義をこのように決める。

【人間の手によるもので、一～一〇〇ナノメートルの大きさがあるか、原子をひとつひとつ組み上げたりナノサイズの厚さの層を一層ずつ重ねたりしてつくられるもの。もしくはその両方を兼ね備えるもの】

この定義に従えば、一部の日焼け止めはナノテク製品に分類される。人工のもので、なおかつナノ粒子を含んでいるのだから。一方、アワビの貝殻は厚さ五〇～二〇〇ナノメートルの層が幾重にも重なるナノ構造になっているが、母なる自然の手によるものなのでナノテク製品ではない。

理解しておくべき重要なコンセプトはもうひとつある。それはナノテクノロジーには革命的性質があるということだ。ナノテク製品は従来の製品にはない特性があるが、その特性には、組み込まれているナノ構造体のサイズが関係している。私が集積回路の開発製造の仕事を始めた頃の話をしよう。当時の集積回路のサイズはマイクロメートル単位だった。量子力学的効果が生じるほど小さくはなかったが、それでもサイズに起因する問題に直面した。そのひとつが電子起因の表面再配列《エレクトロマイグレーション》だ。エレクトロマイグレーションとは、伝導電子と金属原子のあいだで生じる運動量移動が原因で、金属導体内の金属イオンが移動する現象だ。金属原子が電子流に押し流されて、金属導体内に設けられた電気絶縁のための溝に達すると、開回路は短絡されてしまう。こんな故障は、太い銅線を使う家庭用配線では起こらない。マイクロメートルサイズの金属構造を持つ集積回路特有の問題だ。当時ＩＢＭに在籍していた私は、エレクトロマイグレーションに耐えうる金属結合の開発に昼夜をおかずにいそしんだ。この私の経験からわかるように、新しいテクノロジーでは往々にしてサイズに関する問題を突きつけられる。ナノテクノロジーも、量子力学的効果や表面積効果といった、そのサイズによって生じる、他では見ることができない新たな問題を多く抱えている。一般的に、ナノ構造体の表面積と体積の比率は、そのナノ構造体と周辺環境の相互作用に大きな影響を与えている。表面積効果と量子力学的効果があるからこそ、ナノテクノロジーは革命的な性質を帯びていると言っても差し支えない。[10] 事実、ナノテクノロジーは六番目の技術革命をもたらすものだとする声は多い。

それではナノテク製品をある程度大雑把に分類してみよう。二〇〇〇年から二〇〇四年ぐらいまでは、ナノテク製品といえばもっぱらナノサイズの素材を使用するものばかりだった。この第一世代に属する製品は受動的な性質を帯びている。例として挙げられるのは、コーティング剤、ナノ構造体、ナノ粒子などだ。二〇〇五年になると、能動的なナノ構造体の登場を見る。三次元トランジスタと、それを使用した電子回路などだ。二〇一〇年頃にはナノシステムが出現する。[11] ナノチューブ一本だけで電波を受信するナノラジオやナノ電気機械システム《NEMS》などがこの時期に登場した。そして二〇一五年から二〇二五年にかけて、分子ナノシステムが台頭してくるものと予想される。分子ナノシステムとは、生体システムと同じような機能を果たす、特定の構造を持つ分子のことで、遺伝療法や細胞の老化を制御する療法などに応用可能だ。

これらの製品例は絵空事ではなく現実のものだ。[12]一部の予測では、二〇一五年のナノテク製品の世界市場の規模は一兆ドルだが、二〇二〇年には三兆ドルに拡大するという。[13]二〇二〇年の世界経済全体の規模は九〇兆ドルになると言われているから、ナノテク市場はその三・三パーセントを占めることになる。このペースで成長が続けば、二〇二五年には六兆ドル規模の巨大市場になるだろう。しかしこの数字には、ナノテク製品の世界市場を押し上げているナノ兵器は含まれていない。したがって、ここで挙げた予測は大きくはずれるかもしれない。それでも、アメリカや日本といった経済大国では、あらゆる製品にナノテクが応用され、その経済規模は国内総生産《GDP》内でそれなりの割合を占めているのはほぼまちがいない。[14]こうした状況を見ると、民生用と軍事用を合わせたナノテク関連の全世界での特許出願件数が、二〇〇〇年（一一九七件）から二〇〇八年（一万二七七六件）のあいだに一〇倍になったと聞かされても驚くにはあたらない。

先ほどナノテク製品を四つに分類したが、最初の三つ（民生用、工業用、医療用）の特色をよく示している製品をリストアップしてみよう。すべての製品を挙げることはできない。ナノテクを応用した新製品は毎週市場に登場するので、オールカタログをつくることなど無理な話だ。軍事用については最後に触れるが、詳しくは次章で述べる。

民生用ナノテク製品

二〇〇五年、シンクタンク〈ウッドロー・ウィルソン国際学術センター〉内のプロジェクト

〈新興ナノテクノロジー・プロジェクト《PEN》〉は『ナノテクノロジー消費者製品目録《NCPI》』を作成した。先に述べたが、ナノテクを応用した新製品は毎週のように市場に登場するので、NCPIにしても全製品を収録しているわけではない。それでも一八〇〇点以上のアイテムを、製造企業名も含めてリストアップしている。NCPIは民生用ナノテク製品を大きく八つのカテゴリーに分けている――電化製品／自動車／分野横断的な製品／電子機器およびコンピューター／食品および飲料／子供向け製品／ヘルス＆フィットネス／家庭および園芸用品。各アイテムの生産国、使用しているナノマテリアル、そして一般の認知度も掲載している。未確認情報はあまり取り上げておらず、使用されているナノマテリアルを明記していないこともある。各アイテムにはリンクが貼られ、詳しい情報を確認できるようになっている。[15]二〇一三年の改訂版では、七名の研究チームが六八名のナノテクノロジーの専門家に取材している。改訂版の研究チームは、二〇一五年に『ナノテクノロジーの現実――民生用のナノテク製品目録を改訂して』と題する論文を発表した。彼らの研究成果を簡潔にまとめてみた。

・NCPI改訂版は世界三二カ国の六二二社による一八一四点の消費者製品を掲載している。
・アイテム数はヘルス＆フィットネスが最も多く、全体の四二パーセントにあたる七六二点。
・使用されているナノマテリアルは銀が最も多く、全体の二四パーセントにあたる四三五アイテムで使用されている。
・全体の四九パーセントにあたる八八九アイテムが、使用しているナノマテリアルの組成が明らかにされていない。

・全体の二九パーセントにあたる五二八アイテムが、ナノマテリアルをさまざまな液体に混ぜた懸濁液を含んでいる。こうした懸濁液は、肌に触れて使用される可能性が一番高い。

・全体の七一パーセントにあたる一二八八点にもおよぶアイテムが、ナノマテリアルを使用しているという宣伝文句を裏づける情報を十分に示していない。

私たちの仕事や趣味娯楽に影響を与えそうなナノテク製品を例にして考えてみよう。NCPIの八つの大きなカテゴリーは、それぞれ多数のサブカテゴリーを抱えている。ヘルス&フィットネスのサブカテゴリーであるスポーツ用品には、ナノテクを使用したアイテムが一三一点リストアップされている――ゴルフクラブ、ゴルフボール、スキー、スノーボード、ボウリングのボール、テニスラケット、自転車、さらにはスイムウェアまである。スポーツ用品メーカー各社は、ナノテクを応用した自社製品はライバル社のものより格段に優れていると謳う。宣伝文句に使われがちな単語は〈強化〉から〈軽量〉までたくさんある。このリストを見れば、スポーツ愛好家の多くがナノテクベースのスポーツグッズを使っている可能性が高いことがわかる。しかし、そうした高性能のスポーツグッズが実用化されたのはナノテクノロジーのおかげだということをわかっている人間は少ないのではないだろうか。

電子機器およびコンピューターも、消費者の使用頻度が高いカテゴリーだ。たとえば、コンピューターに搭載されているインテル® Core™ Mプロセッサーは、ナノテクノロジーを使用している。

[16]インテル社は自社サイトでこう謳っている。

薄型軽量でありながら万能。インテルの一四ナノメートルプロセス技術で製造された第六世代インテル® Core™ Mプロセッサー製品ファミリーは、モバイルシステムのパフォーマンス、レスポンス、バッテリー駆動時間を著しく向上させます。セキュリティーも強化されたこの機能満載のプロセッサーを使えば、ワンランク上の作業効率と創造性、エンターテインメント性を得ることができます。Windows®10に高度に最適化された第六世代インテル® Core™ m３／m５／m７プロセッサーで、想像力を解き放ち、可能性を探求してみましょう。

こうした宣伝文句は話半分に聞いておいたほうがいいのだろう。それでも、各メーカーが主張する自社のナノテクベースの製品の特長については、事実に基づいたものである可能性が非常に高い。ナノテクは一大変革をもたらす技術なのだから、実験によるデータに基づいて宣伝しているメーカーも多いはずだ。

NCPIのなかで一番アイテム数の多いカテゴリーはヘルス&フィットネスで、全体の半分近くを占め、なかでも化粧品はとくに多い。日焼け止め、肌の保湿液、しわ対策化粧品、ヘアケア製品、そして洗顔料などがその例だ。

現在、ナノテクノロジーを応用した製品であることを明示する義務はメーカー側にはない。[17]たとえばペットボトル入りのビールがあるが、このペットボトルにはナノクレイ（粘土ナノ粒子）が使われていて、ボトル内から酸素を出して二酸化炭素を逃がさないようにし、ビールの劣化を防いでいる。そのことをどれだけの人間が知っているだろうか？　ついでに言うと、〃ナノ〃という言葉を誤用しているメーカーもある。世界最古の銃器メーカーであるベレッタ社は、自社最小の自動拳銃に〈ナノ〉の名を冠している。

世界はナノテクを応用した消費者用製品に満ち溢れていて、しかもその数は日に日に増えている。これだけは確かだ。ゴルフをするとき、ナノテクベースの靴下を履き、ナノテクベースのゴルフクラブを使い、ナノテクベースの日焼け止めで日焼けを防いでいるということもあるのだ。ここまでのところは、結構などころかむしろ望ましい状況のように思えるかもしれない。その一方で大きな懸念も生じつつある。カーボンナノチューブ、ナノシルバー、ナノメタル酸化物、フラーレン（閉殻空洞状の、サッカーボールのかたちの炭素単体）などのナノ粒子を含有する、一部のナノテク製品に毒性があるかもしれないのだ。

アメリカ政府の環境保護庁と食品医薬品局はナノ粒子の毒性問題に着手し、ナノテク製品に対する規制法の制定を検討している。欧州委員会の健康・消費者保護総局もあとに続いている。ナノテク製品やナノ粒子にはまったく規制がかけられていないことは先に述べた。人体に吸収されるおそれのあるナノマテリアルを含有する、ナノテク製品を、化粧品と同様に医薬品に分類して、規制をかけるべきだという声が上がってもいいのではないだろうか。

ナノマテリアルが環境に与える影響と、生物に対する危険性はほとんどわかっていない。[18]国家《N》ナノテクノロジー《N》・イニシアティブ《I》が二〇〇〇年から二〇一〇年にかけてリスク調査に費やした金額は、全予算のたった四パーセントにしか過ぎない。[19]二〇一六年は環境・健康・衛生関連に七パーセントを割いている。次章で述べるが、ナノ兵器で重要な役割を果たしている要素はナノ粒子だ。つまり、そんなナノ粒子を使用する消費者製品の危険性についての、さらなる研究に注目していかなければならないということだ。

工業用ナノテク製品

このカテゴリーでは、建設業と製造業におけるナノテクノロジーの応用例に注目する。

建設業は、コンクリートと鋼鉄を通じてナノテクの恩恵をすでに受けている。コンクリートと鋼鉄は現代社会の基盤であり、戸建て住宅から巨大な高層ビルに至るまで、さまざまな建造物に使われている。

[20]コンクリート状の建材の起源は紀元前六五〇〇年までさかのぼり、シリア南部からヨルダン北部にかけて活躍していたナバテアの商人とベドウィン人が使っていたとみられる。古代ギリシャ人は紀元前一四〇〇〜一二〇〇年頃から使い始めた。[21]古代ローマでも盛んに使われ、水中の建造物にも用いられた。[22]コンクリートは、世界中どこに行っても一番目につく物質だと言っても差し支えないだろう。

[23]コンクリートの品質改良で、ナノテクノロジーは広範囲にわたって応用されている。たとえば、カーボンナノチューブはコンクリートの強化に広く使われている。光触媒作用のある二酸化チタンのナノ粒子をコンクリートに混ぜると、表面に付着した物質が落ちやすくなる。土や汚れが雨に洗

われて落ちるので、建造物の維持管理費を大幅に削減することができる。

一方の鋼鉄は一八七〇年代から建造物に使われている。しかし鋼鉄は金属疲労という構造材としての欠陥があり、建造物の耐用年数を短くしてしまうという問題を抱えている。とくに橋梁にとって金属疲労は大敵で、鋼鉄にかかる応力を小さくするとか、定期的に検査しなければならない。しかしそれで金属疲労がなくなるわけではない。ユタ州立大学のある大学院生が出した統計予測によれば、合衆国内で一年間に崩落する橋の数は八七～二二二基、平均すると一二八基にものぼるという。事実、ミネソタ州ミネアポリス市に架かる州間ハイウェイ三五W号線の橋が、二〇〇七年八月一日になんの前触れもなく落ちた。ラッシュアワーの時間帯だったこともあり、死者一三名、負傷者一四五名という大惨事となった。統計予測では、アメリカでは三日に一基のペースで橋が崩落することになっているが、この橋は私の自宅からさほど遠くないところにあり、私自身はもちろん私の家族や友人たち、私の会社の従業員たちが使っていた。そんな身近な橋の崩落は、私にとってはたんなる統計のひとつではなく衝撃的な事故だった。国家運輸安全委員会は崩落の原因は構造設計上のミスだと判断したが、金属疲労もその一因だと指摘する専門家の声もある。

[24] [25] [26]

構造設計技術者のスリンダー・マンによれば、「応力は疲労破損で亀裂が生じた部分に集中する。鋼鉄に銅ナノ粒子を加えると、表面の〝むら〟が減らせることが判明している。そのため応力が集中するポイントも少なくなる。つまり金属疲労による亀裂も少なくなるということだ」[27][28] 一般的に、鋼鉄の強度と金属疲労に対する耐性を向上させる方法はふたつある。

・鋼鉄内の結晶粒度、つまり結晶の大きさを、結晶欠陥が生じる原因となる余分な部分がなくなるほど小さくする。
・転位という線状の結晶欠陥が滑ると、塑性変形が生じる。転位の滑りを防ぐために、高密度の結晶欠陥を生じさせる。

高い強度と耐疲労性を達成するべく、鋼鉄産業界はナノテクノロジーに目を向けている。銅・バナジウム・モリブデン・マグネシウム・カルシウムなどのナノ粒子やカーボンナノチューブを加えると、鋼鉄の強度と耐疲労性が向上することはわかっている。次の課題は、ナノテクで強化された鋼鉄を大量生産するコストを妥当なレベルに抑えることだ。ナノテクを応用した鋼鉄の加工技術は一〇件以上開発されており、アメリカや日本などの各企業は自分たちが開発した技術の特許を申請している。建設業での応用例は豊富で、鋼線からボルトに至るまで数えだしたらきりがない。とくに注目を集めているのは、鋼鉄の強度と耐腐食性を向上させるナノテクコーティングだ。[29]二〇一五年、〈MITテクノロジーレビュー〉誌は「ナノテクコーティングは安価でありながら、鋼鉄などの金属の強度を一〇倍もアップさせ、耐腐食性も向上させる」と述べている。ナノコーティングは「金属メッキの進化版」であり「金属の組織を精密に制御する」ことを可能にすると同誌は言う。ナノテクノロジーを応用したコンクリートと鋼鉄に、建設の世界に一大変革をもたらす可能性があることは明々白々だ。

次は製造業におけるナノテクノロジーの応用について見てみよう。すべてのナノ製造技術はトップダウン・アプローチかボトムアップ・アプローチに分けられる。どちらのアプローチでも新しい方法論がどんどん誕生し、さまざまな製品の製造を可能にしている。[30] NNIは以下のような製造法を例として挙げている。

・化学蒸着——高純度の高性能の膜をつくる化学反応。
・分子線エピタキシー法——薄膜を精確に作製する方法。
・原子層エピタキシー法——原子一個分の厚さの膜を表面に作製する方法。
・ナノインプリントリソグラフィー——ナノサイズのものを物質の表面に付けたり描いたりする技法。
・ロールtoロール加工——ロール状にした極薄の金属もしくはプラスティックの表面に、ナノサイズの素子を大量につくる方法。
・自己集積法——構成要素が自力で集まり、秩序構造を形成するプロセス。

ここで私個人が体験した、トップダウン・アプローチを用いたナノ製造技術について語ってみよう。集積回路産業で働いていた当時、一マイクロメートルにも満たない大きさの集積回路の製造に電子ビームリソグラフィーを使っていた。その手順はこうだ——最初に、複数のシリコンチップを形成したシリコン基板上に、電子感受性のある薄いレジスト(保護膜)を定着させる。そして電子ビームをコンピューター制御で照射して回路のパターンを描く。フォトリソグラフィーとちがうところは、光の代わりに電子を使い、回路パターンがプリントされているフォトマスクを必要としないところだ。プロセスをひとつ省くことで、コストダウンと欠陥を取り除くことが可能になる。電子ビームリソグラフィーは、ナノ製造技術の可能性を広げるものなのだ。その理由は、負電荷をもつ素粒子である電子にある。負電荷があるから制御が利いて、回路パターンを直接描くことができるのだ。電子のサイズも理由のひとつだ。水素の原子核を野球場とするなら、電子は野球場を飛びまわるハチの大きさしかない。だから電子を使うとナノサイズのものが描けるのだ。現在、電子ビームリソグラフィーは一〇ナノメートル程度のサイズのものをつくるときに広く用いられ、その装置は市販されている。

この私の経験例は、ナノ製造技術によって集積回路装置をナノサイズ化できることを示している。集積回路装置をナノサイズにまで小さくすると、三つの大きなメリットが得られる。ひとつ目のメリットは、処理速度が速くなり、消費電力が少なくなる点。ふたつ目は、シリコン基板一枚あたりにつくることができる回路数が増えるので、コストダウンが見込めるという点。そして最後は、ナノサイズ化することによってのみ得られる新たな特性が、集積回路の機能性を高めてくれる点だ。

ナノデバイスを組み込んだ集積回路はさまざまなかたちに応用することが可能だ。たとえば1章に示したアメリカ海軍のレーザー兵器システムは、ナノサイズの部品があったからこそ実用化されたのだと、ナノテク業界内の人々は口を揃えて言っている。アメリカ政府は詳細を説明するつもりはないみたいだが。ＮＮＩのウェブサイトでもこの兵器については一切触れていない。基本的に、ＮＮＩのウェブサイトはナノテクノロジーの軍事利用についての情報をほとんど載せていない。サイト内を検索してみたが、アメリカとその同盟国を大量破壊兵器から守るという国防脅威削減局の任務をサポートする基礎研究が必要だとする記事がいくつか見つかっただけだった。

NNI[31]はこう述べている。「NNIにたずさわる各機関は、ナノ製造技術の研究開発およびインフラに重点を置いた投資をおこなっている。NNIは、ナノテクノロジーの応用とそれに関連する製造プロセスの開発を担う全国九〇カ所以上の研究機関に資金を提供し、施設、設備、そして訓練を積んだスタッフを提供している」このように、ナノテク製品とナノ製造技術の開発に貢献していると自慢げに語っている。NNIのウェブサイトはナノテクの利点についての記述とその応用例だ[32]らけで、そのリストには圧倒されるものがある。ところが軍事面と兵器としての応用例についてはひと言も触れていない。二〇一二年にナノテクノロジーの経済的影響を評価する国際シンポジウムが開催されたが、国防総省もその軍事版を主催している。しかしこの会議に参加したのは国防総省の関連部署の責任者と、ナノ兵器の研究開発と製造をおこなっている軍事企業のみだった。ハネウェル社の国防総省関連のプログラムにたずさわっていた頃、私も似たような会議に出席したことがある。こうした会議は秘密扱いとされ、議事録は一般公開されていない。

医療用ナノテクノロジー

ナノテクノロジーを応用した医療は〈ナノ医療〉と呼ばれている。〈ジャーナル・オブ・ヒュー[33]マン・リプロダクティブ・サイエンス〉誌のM・パティル編集長は、ナノ医療をこう定義している。「疾病および外傷の診断・治療・予防、そして痛みの緩和と健康の維持および促進を、ナノサイズ

63　3章　平和利用の裏で

の構造を持つ物質、バイオテクノロジー、遺伝子工学を使っておこなうもの。ゆくゆくは複雑なメカニズムやナノボットも登場するだろう」

　現時点でナノ医療での応用例は、ナノマテリアル、生物学的デバイス、ナノエレクトロニクス・バイオセンサーなどがある。将来的には生体《バイオ》マシンとナノボットも登場すると思われる。ナノ医療の最重要課題は、ナノマテリアル、とくにナノ粒子の毒性と環境に与える影響への対策だ。しかも悪いことに、ナノ粒子は公害によって生じ、健康被害をもたらすものもあるのだ。

　ナノマテリアルは生体分子とほぼ同じぐらいのサイズなので、ナノ医療に大いに役立つ。ナノマテリアルと生体分子をくっつけて、病巣細胞内に薬物を運ぶ〝薬物担体〟をつくる研究も進んでいる。この研究は、まったく新しいタイプのナノ医療である〈スマートドラッグ〉の開発につながる。ここで言うスマートドラッグとは、投下されると軌道を自動修正しながら標的に向かう〈スマート爆弾〉になぞらえた名称で、いわゆる〝頭を良くする《スマート》薬品〟のことではない。[34]欧州医薬品庁の専門家たちはこう主張している。「現在、ナノテクノロジーの商用医薬品への応用は、既存の薬剤の標的志向性と生体利用効率の改善だけではなく、まったく新しい薬物送達システムへと向かっている。ナノテクノロジーの新たな応用例には、ナノ構造体をベースにした代替組織、生物学的障壁を通過することができるナノ構造体、遠隔操作が可能なナノサイズの探針《プローブ》、埋め込み式の集積型ナノ電子センサーシステム、そして病巣細胞への薬物送達を目的とする多機能型の化学構造体などがある」

　大抵のバクテリアとウイルスはナノサイズなので、ナノマテリアルを使った療法と薬物投与が有効だと考えるのは理にかなっている。古代ギリシャでは、傷の治癒の促進に銀を使っていた。現代の医師たちは、やけどの治療にナノシルバーを浸透させた包帯を使っている。銀をナノ粒子化すると、大きな粒子よりも表面積対体積率が高くなるので、傷に対してより作用し、肌にも浸透しやすくなる。それに、バクテリアとウイルスは抗生物質に対しては耐性をつけるが、どうも銀に対してはそれができないみたいだ。結果としてやけどは早く治り、患者に苦痛をもたらす包帯交換の頻度も少なくなる。

ナノ医療の一番素晴らしい使用対象は、がんの診断と治療だ。研究者のエドワード・カイ゠ホワ・チョウ とディーン・ホウは、二〇一三年に〈サイエンス・トランスレーショナル・メディスン〉誌に掲載したナノ医療の使用効果についての論文でこう述べている。[35]「ナノテクノロジーをベースにした化学療法と造影剤は、〝ナノ抗がん剤〟という新世代医療の到来を象徴している。ナノ抗がん剤とは、有益な薬物動態を持つさまざまな薬剤を搭載し、分子と細胞を最大限に活用して特異性、有効性、安全性を向上させたものだ」

ナノ医療には、再生医療や電子顕微鏡下でおこなう超微細手術《ナノサージェリー》といった、さまざまな分野がある。[36]ある報告によれば、ナノ医療市場は着実な成長を続けていて、二〇一一年以降の複合年間成長率は一二・五パーセント、市場規模は二〇一六年までに一三〇九億ドルに達するという。

ナノ医療に密接に結びついているものが医療用ナノ電子機器だ。集積回路などの一般的な電子機器は、バイタルモニター・ペースメーカー・薬物送達・肢刺激など、医療現場全体で使用されている。ナノ電子機器は、がんを筆頭とする疾病の診断と治療の両方を容易にする体内注入型電子機器の進化を加速させている。

ナノ医療についての文献は無数に存在する。この分野に注目が集まることで、自然とナノテクノロジーに対する認識も高まっている。しかしここで、一番肝心な問いを投げかけてみよう。ナノ医療は、長期的にはどのような恩恵をもたらすのだろうか？

カリフォルニア州のパロ・アルト市にある分子製造研究所のロバート・A・フレイタス・ジュニア上席研究員は、論文で「ナノ医療の究極の目標は、人体を構成する特定の細胞をナノボットを使って治療することだ」と述べた。その理由をフレータスは「人間がかかるほぼすべての疾病は、細胞レベルでの分子的な機能不全を伴う」からだと説明する。[37] 彼のイメージする医療用ナノボットは血球ほどの大きさで、血流に乗って体内を駆け巡り、ひとつひとつの細胞に遺伝療法を施す。破損した遺伝子物質を細胞から取り除き、新たに生成した遺伝子物質を挿入して細胞の機能を復元させるのだ。フレイタスの論文は、細胞修復用ナノボットのスケーリング解析とミッション設計を初めておこなったものだ。フレイタスが描く未来医療をSFチックだと見る向きもあるだろう。私はそうは思わない。先の世界を見通す科学者が、ナノ医療が個々の細胞を治療するレベルにまで進化する過程を説明したものに過ぎない。この一〇年でナノテクノロジーは飛躍的な発展を遂げたのだから、フレイタスが〈クロマロサイト〉と呼ぶ医療用ナノボットが登場するのもそう遠くない話だろう。

軍事用ナノテクノロジー

ここまで、民生・工業・医療の各市場でナノテクノロジーは定着しつつあり、政府と企業がナノテクの持つ独特な性質を巧みに利用していることを如実に示す例を挙げてきた。ナノテクを駆使すれば、手術ができないがんの治療も、ナノ電子機器を利用した超高速コンピューターも現実のものとなり、人類は明るい未来に向かって大きく飛躍することができると見てまちがいない。その一方で、ナノテクノロジーとナノ製造技術は大惨事をもたらす危険性もはらんでいる。人類の滅亡すら招きかねない。テクノロジーそのものは倫理的には中立だが、その応用となると倫理面での問題が生じてくる。たとえば、コンクリートの強度を向上させるナノテクは、高層ビルをどんどん高くすることもできるし、掩蔽壕《えんぺいごう》の強化のように軍事にも応用できる。次の章では、民生用・工業用・医療用の各分野でのナノテクの応用例の多くがナノ兵器の基礎となっている事実を確認する。

人類の歴史を振り返ると、ふたつの動かしがたい事実が見えてくる。ひとつ目は、人類はつねに戦争をしているということだ。太古の昔から、私たちは戦争という病《やまい》に悩まされつづけている。ふたつ目は、戦争が起こるたびに兵器の破壊力はどんどん大きくなっているということだ。核兵器は人類初の大量破壊兵器だ。現在でも、人類を複数回、地上から抹殺できるほどの核兵器が存在する。それでも、一九四五年以降は実戦で核兵器は使用されていない。核戦争が起こらなかったのは、人間としてのモラルを考えに考え抜いた結果ではない。戦争になってどちらか一方が先に核攻撃をすれば、最終的に双方が必ず核兵器により完全に破壊し合うという〈相互確証破壊〉という考え方が働いているからだ。相互確証破壊こそが核兵器の使用を食い止めているのだ。これは単純な生き残り戦略だ。

生物兵器の使用が禁止されたのも同じ考え方によるものだ。一九六九年の記者会見で、リチャー

ド・ニクソン大統領はこう明言した。「生物兵器がもたらす被害は甚大で、どのようなものになる
かは予想もつかない。一旦使われてしまえば歯止めはきかないだろう」大統領はこうも言った。
「生物兵器は地球規模の疫病の蔓延をもたらし、その健康被害は何世代にもわたって続くだろう」

一九七二年、ニクソンは生物兵器禁止条約を議会上院に提案した。これを基盤として多国間の軍縮
条約がまとめられ、一九七五年に〈細菌兵器（生物兵器）及び毒素兵器の開発、生産及び貯蔵の禁
止並びに廃棄に関する条約〉が締結された。

西暦二〇〇〇年は、人類がナノテクノロジー時代に突入した年として記憶されることになるだろ
う。ナノ兵器は、核・生物兵器と同様に人類の滅亡をもたらす危険性をはらんでいる。ナノ兵器は
人類の存続を危うくするものだということを、私たちはナノ兵器が武力紛争で使用されるまえに気
づくことができるだろうか？　それとも、ナノ兵器が恐るべき破壊力を発揮して、広島と長崎に匹
敵するような大惨事を目の当たりにしないと無理なのだろうか？

4章　羊の皮を被った狼

分別も慎重深さもないままに科学技術の開発を続けていると、我々は自分たちの僕《しもべ》に首を絞められてしまうだろう。

オマール・ブラッドレー

（第二次世界大戦で活躍したアメリカ陸軍の軍人。最終階級は元帥。一八九三～一九八一）

この章では、民生用・工業用・医療用の各分野で応用されているナノテクノロジーが、どのようにしてナノ兵器に転じることになるのかを論じていく。ここでひとつ例を挙げると、がん性腫瘍の細胞を取り除く超微細手術《ナノサージェリー》に使うナノサイズのレーザーは、超小型核爆弾の基礎構成要素となり得る。民間での応用例がない、軍事専門のナノテクを応用した兵器についても論じる。

順序立てて話を進めるために、ナノ兵器を五つのカテゴリーに分けてみた。

1　アメリカ軍全体で使用されるナノ兵器

2　アメリカ海軍のナノ兵器

3　アメリカ陸軍のナノ兵器

4　アメリカ空軍のナノ兵器
5　アメリカ以外のナノ兵器開発を進める国家

私の調査では、ナノ兵器についてはアメリカ合衆国が他国に抜きん出ているが、その全貌はまったくと言っていいほど明らかにされていない。どうやらナノ兵器のすべてが極秘扱いになっていて、必知事項の原則が徹底されているらしい。ここで言いたいのは、大統領を含めたアメリカ国民のほぼ全員が、全カテゴリーのナノ兵器の全容を知らないということだ。

このことを踏まえたうえで話を進めていこう。

1　アメリカ軍全体で使用されるナノ兵器

[38]二〇〇九年、国防総省は〈防衛ナノテクノロジー研究開発プログラム〉の報告書を公表した。そこにはこう書かれている。

国防総省のナノテクノロジー関連プログラムは、省内の各軍部門と国防高等研究計画局《DARPA》や国防脅威削減局《DTRA》などの各部局が協調して計画し、一体となって遂行するものである。現時点でのナノテクノロジーは、科学・技術の両面における先端研究テーマであり、防衛力を強化するものとして期待されている。本報告書は、ナノテクノロジーの研究開発にたずさわり、国家ナノテクノロジー・イニシアティブ《NNI》と連携している省内の人員すべてが関わって編纂《へんさん》したものである。現在進行中のもの、計画されているもの、今後計画される見込みのプロジェクトから収集した情報をまとめ、ナノテクノロジーへの取り組みについての技術および計画を詳細に総括するものだ。さらには、世界各国でのナノテクノロジー研究の取り組みとその進捗度、産業界における利用状況と望まれる技術についても言及する。

公表から多少年月は経ているものの、この報告書は国防総省がナノ兵器の研究開発を以前からおこなっていたことを如実に示すものだ。この章の内容の大部分は、この報告書から得たものだ。つまびらかにされていない箇所もいくつかあるが、そこは数多くある文献から得た情報を補足して全体像を描いてみよう。

アメリカ軍で最も広く使われているナノテク応用品は、まちがいなくナノ電子集積回路だろう。アメリカ全軍と政府系機関は当然コンピューターを使用している。前章で述べたとおり、インテル社の新世代プロセッサーはナノテクを応用している。ということは、アメリカ軍と政府系機関が新たにコンピューターを調達すると、それはナノテクノロジーを使ったものなのだ。これも民生用ナノテクの軍事利用のひとつだと言えるだろう。あまり知られていないものに耐放射線ナノ電子集積回路がある。この集積回路は、核爆発などによる高レベルの放射能にさらされる可能性のある電子装置に広く使われている。例を挙げると、ミサイルを含む兵器システム、偵察衛星、通信衛星、そして核兵器などだ。

一般的に、耐放射線集積回路は商業用の集積回路と似ているが、製造プロセスと構造が異なる。

まず最も重要な点は製造プロセスだ。[39]耐放射線集積回路の製造には、通常のシリコン基板ではなくシリコン《S》・オン《O》・インシュレーター《I》などの絶縁層を加えた基板を用いる。絶縁層があるおかげで、電離放射線による漏電電流が基板上で生じなくなるのだ。物質一キログラム当たりに吸収される放射線のエネルギー量（吸収線量）の単位をグレイと言うが、[40]民生用の集積回路は五〇〜一〇〇グレイの吸収線量に耐え得る。一方、ＳＯＩを使った耐放射線集積回路は少なくともその一〇倍、適切に設計されたものはそれよりさらに多くの吸収線量に耐えることができる。耐放射線集積回路の構造は民生用のものの構造と大きく異なり、用途によっても変わってくる。実際にどのような構造になっているのかは機密扱いになっている。

　次に広く使われているのはナノ粒子だ。ナノ粒子の応用例はナノ医療、ナノコーティング、ナノ強化素材、そしてナノテクベースの爆薬などに見ることができる。ナノ粒子がナノ医療で使われていることは前章で説明した。アメリカ軍の全部門でも、利用可能になったものからどんどん採用している。ナノコーティングも幅広く使用されていて、とくに海軍での使用例が多い。ナノ加工金属といったナノ強化素材は、〝鋼鉄より強い〟という言葉に新しい意味をもたらすものだ。より強力な破壊力を持つナノテクベースの爆薬は通常の爆薬に取って代わるだろう。たとえば国防総省は、ナノアルミニウムを使って燃焼速度がきわめて高い化学爆薬をつくっている。この新型爆薬は通常の爆薬の一〇倍の爆発力があるので、一〇分の一の搭載量でこれまでと同等、もしくはそれ以上の破壊力をもたらす。たった一発の迫撃砲弾で、敵の堅牢な司令部施設を破壊することも可能なのだ。

　三番目に広く使われているのはナノセンサーだ。アメリカ全軍は多種多様なセンサーを使用している。ナノセンサーは飛び切り優れた能力があり、さまざまな物質を分子レベルで感知できる。きわめて特殊な性質を持つ物質を、低濃度であっても感じ取ることが求められるバイオセンサーとケミカルセンサーを、さらに高感度にできる技術だ。ナノバイオセンサーとナノケミカルセンサーは爆発物、生物・化学兵器の探知に大いに役立つものと期待されている。[41]今後の目標は、集積回路のように低コストで安定した製造ができるようにすることだ。低コストとサイズ・重量効率がいいところが、ナノセンサーの最大のセールスポイントだと言える。ゆくゆくは、ひとりひとりの兵士に各種センサーを組み込んだ集積回路で構成された極小サイズの分析装置を携帯させて、兵士の健康状態と周辺環境をモニタリングできるようにするものと思われる。これもまたSFチックな夢物語なのだろうか？　二〇〇七年の〈MITテクノロジーレビュー〉誌に掲載されたブリタニー・ソースの記事『ナノセンサーの宇宙利用』によれば、そうではないらしい。

航空宇宙局《NASA》が開発したナノセンサーは、化学物質に反応する高分子化合物《ポリマー》でコーティングしたカーボンナノチューブや、センサー素子として機能する、さまざまな触媒金属の粒子でコーティングしたカーボンナノチューブ、ナノワイヤを使用している。このナノセンサーはひとつのチップに三二のセンシングチャンネルを持ち、各チャンネルには探知する化学物質に応じてカーボンナノチューブや金属酸化物ナノワイヤ――コーティングしたものもしていないものも――などのナノ構造体が使われている。ガスを構成する化学物質がごく微量でも接触すると、それに対応するセンサー素子が反応して流れる電流が増減する。素子ごとに電流の増減のパターンは異なるので、センサー本体はガスの種類を特定できるという仕組みだ。

ナノ構造体を変えることで多種多様な物質を探知することが可能な、このナノセンサーの大きさは縦五・一センチメートル×横六・四センチメートル×厚さ二・五センチメートルだ。しかも収集したデータをワイヤレスで伝送することができる。この情報が記事となって公開されているところを見ると、ここからさらに進化したナノセンサーの開発が進められているものと思われる。[42]

四番目に——これで最後だ——広く使われているものは小型ロボットだ。現代戦では、偵察から攻撃に至る、あらゆるシーンでロボットが活用されている。小型ロボットの登場により、重要な場面でのロボットの使用範囲はさらに広まるだろう。

ここでとくに注目すべき点は、これら四つの軍事用ナノテクは民生用・工業用・医療用の類似のナノテクと強く結びついているところだ。まえにも述べたが、ナノテクノロジーは実現技術だ。つまり応用内容によって分類することができる。たとえば、ナノ粒子で強化された鋼鉄が建造物の構造要素となっているなら、これはナノテクの工業応用と見ることができる。同じタイプの鋼鉄が戦車の装甲板に使われるのなら、それは軍事応用になる。

現在、アメリカ軍全体で広く使われているナノテクはナノ電子集積回路、ナノ粒子、ナノセンサー、小型ロボットだ。それ以外のものは各軍で論じることにする。

ここで触れておきたい重要なポイントがある。ナノ兵器の製造施設は核兵器のそれと比べると簡単に建てることができ、費用も安く済むというところだ。ハネウェル社のような耐放射線集積回路メーカーで使用されている設備や機器は市販されているものばかりだ。無論、ナノサイズの製品の製造効率を上げていくためには加工技術への投資を続けていかなければならないが、出だしは市販の設備・機器と加工原料を購入すれば済む話だ。民生用と工業用のナノテク製品、そしてナノ兵器でも重要な役割を果たすナノ粒子のメーカーにしても同じことが言える。二〇一四年、マサチューセッツ大学アマースト校は〝水溶性のナノモジュールの製造法と、さまざまなサイズのナノ粒子からなる分子集合体の制御法についての画期的技術〟を開発したと発表した。[43]この新技術は、ナノマテリアルの開発にかかる時間を従来の方法よりも短くするものだ。多くの場合、ナノ兵器の製造施設は核兵器のそれよりもかなり小規模なものにすることが可能で、小さなオフィスビルでも大丈夫だ。建設コストも低く抑えることができる。さらに言えば、証拠となる放射線を発する核兵器と比べると、ナノ兵器の製造施設の所在地を突き止めることはきわめて難しい。そして核兵器を規制する国際条約はあるが、ナノ兵器にはない。

この章で語っている内容は、あくまで現時点の状況だ。次のカテゴリーに進むまえに全体像を見てみよう。時代が進むにつれて、別のナノ兵器が広く使われるようになるかもしれない。その他の軍事システムと同様に、ナノ兵器もナノテクノロジーの進化と軌を一にして進化していくだろう。新たなナノ兵器がどんどん誕生して、古いものは廃《すた》れていくことになるかもしれない。ナノテクが進んだ結果、まったく新しいナノ兵器が登場する可能性もある。つまり、ナノ兵器についての議論は、ナノテクノロジーの発展と脅威に対する評価に応じてダイナミックに変わっていくものと捉えなければならないということだ。それを理解したうえで次に進もう。

2　アメリカ海軍のナノ兵器

アメリカ海軍は多種多様なナノ兵器を使用している。事実、海軍研究所内にはナノサイエンス研究所が存在する。同研究所のウェブサイトにはこう記されている。「本研究所は海軍研究所が持つ複合的な性質を活用し、経歴も教育歴も異なる科学者たちをまとめあげ、それぞれの研究分野が重なり合う部分に設定した共通の目標を達成する場です。本研究所で進められる各プログラムの目的は、ナノサイエンスという複雑な新興科学についての海軍および国防総省の研究を主導し、将来の防衛技術として開発可能なものかどうかを探るところにあります」

二〇〇九年に国防総省が発表した〈防衛ナノテクノロジー研究開発プログラム〉の報告書には、海軍による主要なナノテクノロジーの研究開発の内容が具体的に記されている。海軍のナノテク研究の主要目的と課題は以下のとおりだ。

基本的な現象およびプロセス――ナノレベルでのみ生じる現象を解明する。プラズモン（金属中の自由電子が集団的に振動して、擬似的な粒子として振る舞っている状態のこと）、プラズモン／光子《フォトニック》協同現象、音響量子および電子伝導、ナノサイズの化学的シグナル伝達、一〇ナノメートル未満の精度を可能にする、ＤＡＮのガイドを使ったパターニング（塗り分け）、量子コヒーレンスを含む電子スピン物性。

素材――電子素子、センサー、固体エネルギー変換素子用のナノサイズのカーボン素材およびドープしたナノワイヤの物理・化学的個性の制御。

素子およびシステム――電界効果トランジスタにとってきわめて有効な、新機軸の電子素子および関連回路。

製造技術――トップダウンおよびボトムアップ・アプローチの間を埋め、一〇ナノメートル未満の空間分解能を可能にする、生体を利用した電子素子の製造法の開発。ナノサイズのアンテナ、センサー、メタマテリアル（光を含む電磁波に対して、自然界の物質にはない振る舞いをする人工物質）、触媒をつくるための電気化学的な金属パターニング技術の開発。

研究施設および設備――国防大学研究計測プログラム《DURIP》を通じたスピントロニクス、ナノチューブ分類、三次元造形の研究支援のための施設・設備提供。

教育および社会的認知――一五〇名の大学院生と七五名の博士課程修了後の学生への直接支援。

このように、海軍によるナノテクの研究開発は計り知れないほど幅広く、奥が深い。そして見てわかるとおり、その目的の多くは基礎研究にある。国防総省の報告書にはこうある。「ナノテクノロジーは、技術的に見ても工学的に見てもいまだに初期段階にあると考えるべきである。注目に値する応用例はいくつか出てきてはいるが、ナノマテリアルとナノプロセスをベースにした実用的な製品の時代は始まったばかりだと言える。それでも、同省のナノテクノロジー研究は進行中の研究努力を最適な方向に導き、兵士および国防に関わるシステムを向上させるためにナノテクノロジー

を最大限に活用することを重要目標とすることには変わりはない」つまり国防総省は、次世代のナ

ノ兵器を生み出すのはどの分野のナノテクなのか判断するのは時期尚早だと言っているのだ。

海軍のナノテクノロジーの研究開発の現状を見たところで、次はナノ兵器の実用例を見てみよう。

二〇一四年にナノテクを応用したレーザー兵器システムが揚陸艦〈ポンス〉に搭載されたことは1

章で触れた。海軍が開発しているナノ兵器はほかにもあるので、今度はそれらに眼を向けてみよう。

二〇一五年にアメリカ海軍研究局が『海軍の科学および技術戦略』という報告書を出した。その中

には〈ナノテクノロジー〉〈ナノサイズの素材〉〈ナノサイズの粒子を使ったコーティング剤〉〈ナ

ノ電子機器〉〈ナノサイズの電子装置およびセンサー〉〈海軍研究所内のナノサイエンス研究所〉な

ど、"ナノ"という言葉が散見される。アメリカ海軍は素材・電子機器・生物学にとくに強い関心

を寄せているということだ。

アメリカ海軍は、二〇〇二年から艦船の建造と保守管理にナノテクを使っている。世界各国の海

軍が抱える最大の悩みの種は、艦船に使用されているさまざまな金属の腐食だ。学校の科学実験で

確認した方もいるだろうが、塩水を入れたビーカーにふたつの異なる金属を入れると電池になる。

このバッテリー効果は艦船の腐食を促進させる、海軍にとっては好ましからざる現象なのだ。アメ

リカ海軍はこの問題にナノセラミックコーティングで対処している。ナノセラミックコーティング

は従来のセラミックの防護機能を保ちながら、表面への付着性が高く、なおかつきわめて硬い。そ

れでいて付着している物質が変形すると、それに応じて変形するのだ。この性質は実戦において重

要な意味を持つ。たとえば、潜航中の潜水艦が爆雷攻撃を受けると、艦体はすさまじい爆圧にさら

78

される。その場合でもナノセラミックコーティングは爆圧で変形する艦体に付着しつづける。海軍でのナノセラミックスの最初の応用例は潜水艦のハッチだった。鋼鉄製のフレームにチタン板をボルト留めしたこのハッチは、潜航中にセンサーや電子機器を放出するためのものだ。このハッチをナノセラミックでコーティングすると電解腐食が発生せず、コーティング自体もかなり長持ちすることがわかった。ナノセラミックコーティングは部品間の摩擦軽減にも役立っていて、潜水艦内の水の流れを調節するボールバルブなどにも使われている。

　ここで強調しておきたい重要なポイントがある——ナノ兵器とは、ナノテクノロジーを応用する軍事技術全般を指すということだ。つまり、海軍の艦船に使用されるコーティング剤もナノ兵器にあたる。海軍が抱えるもうひとつの問題が、艦船の船体に付着して成長する海洋生物だ。そのひとつであるフジツボが船体に生えると、水の抵抗は六〇パーセント増加し、結果として燃費は悪くなり船速も落ちる。フジツボは甲殻類の一種で、あらゆる状況下であってもあらゆるものの表面に強力接着剤並みの吸着力で付着する。海軍は、艦船にフジツボが増殖できないようにする素材を探しつづけている。そして二〇〇九年、アメリカ海軍研究局はそうした効果が期待され、しかも環境にやさしいコーティング剤の研究に着手したと発表したが、その詳細は明らかにしていない。[45]それでも、X・ザオらが二〇一四年に発表した論文『船舶の船体を保護する汚れ止めコーティング剤における、有害化学物質の代替品としてのナノ添加物についての研究』が、海軍の新型コーティング剤の実体についてのヒントを提示してくれる。論文にはこう書かれている。「酸化第一銅の殺菌能力とナノ添加物の光化学効果をベースにした、海洋生物の増殖を抑止しながらも環境負荷の少ない塗料の研究が進められていた」このナノテクベースのコーティング剤が、海軍の新型コーティング剤の基礎となっていると考えられる。

最後に電力制御システムについて触れてみよう。空母のような海軍の大型艦船の電力供給システムは都市への電力供給と似ていて、銅製のケーブル、絶縁材、変圧器、その他もろもろの大型機材で成り立っている。しかし残念なことに、この従来型システムは重大な重量ロスと電力ロスをもたらす。原因は、電流が導体内を通過するときに発生するジュール熱にある。熱が生じるのは、導体内の自由電子が導体金属の原子と衝突したり、自由電子同士で衝突したりするからだ。衝突が熱を生み、その熱がエネルギーロスを生む。簡単な例を示そう。瞬間的に異常に高い電圧が電線にかかると、電線を覆うゴム絶縁は溶けてしまう。ジュール熱が発生するからだ。海軍はナノテクノロジーを利用してこの問題を解決しようとしている。[46]ナノテク関連情報のウェブサイト〈Ｎａｎｏｗｅｒｋ．ｃｏｍ〉はこう報じている。「海軍研究局は、グラフェンを細長くした〈ナノリボン〉と呼ばれる、船舶やスマートフォンなどの電子機器の電力制御法に画期的な変化をもたらす可能性がある新素材を開発したニューヨーク州立大学バッファロー校の研究者たちに、八〇万ドルの助成金を供与すると発表した」グラフェンは炭素原子一個分の厚みしかないナノカーボンマテリアルで、軽量かつ強靭《きょうじん》、そして熱と電気の導体としてつとに知られ、銅の約一〇〇倍の電気負荷に耐えることができる。それのみならず、グラフェンは生体物質のように増殖させることも可能だ。艦船の電気推進システムの導入に向けて動いていると思われるアメリカ海軍にとって、電力制御システムの改善は必要不可欠なものだ。近年、海軍初のステルス駆逐艦〈ズムウォルト〉が進水し、二〇一五年に試験航海を開始した。ズムウォルトは海軍最大の駆逐艦ながらきわめて高いステルス性があり、通常の駆逐艦と比べて、レーダー反射面積は五〇分の一しかない。しかしここで注目すべきなのは統合電源方式を採用していて、推進力を含めた艦内で必要な全電力をガスタービン発電で供給しているところだ。電子制御システムの改善が急務であることを如実に示す例だと言えよう。

　ここに挙げた例以外にも、ナノワイヤを使ったガスセンサーや自浄式のナノコーティング窓ガラスなど、さまざまなナノテク応用品が開発中だ。しかし秘密のベールのさらに深いところに隠されているナノ兵器が存在することはまちがいない。

3　アメリカ陸軍のナノ兵器

二〇〇三年[47]、アメリカ陸軍とマサチューセッツ工科大学《MIT》、そして軍需企業数社は協合して軍事ナノテクノロジー研究所《ISN》を設立した。その目的は戦場での兵士の防御力と生存力の向上で、〝脅威の探知と無力化、自動医療、カモフラージュ技術、身体能力の向上、補給回数の削減〟も含まれる。ＩＳＮには五つの最先端の戦略的研究分野《SRA》があり、それぞれに研究テーマとプロジェクトを抱えている。ＩＳＮのウェブサイトで公表されている研究テーマとプロジェクトのリストを巻末の付記に転載してあるので、陸軍のナノテク研究の幅広さと奥深さを実感していただきたい。

　ＩＳＮのリストを目のあたりにすると、何が何だかわからず思わず尻込みしてしまうだろう。なのでリストを大雑把にまとめてみた。陸軍と聞くと、戦闘装備を身に着けた兵士、狙撃兵、戦車、小銃、大砲などがぱっと頭に浮かぶものだ。そのイメージは、ＩＳＮが開発したナノ兵器が配備されたとしても変わることはないだろう。しかしイメージした要素のひとつひとつの性能は劇的に向上したものになるはずだ。今後一〇年のうちにＩＳＮが実現すると思われる強化例を挙げてみる。

・着心地は服のようだが防弾性が高く、生物・化学兵器に対して防御力があるナノマテリアルを兵士たちは、着用するようになる。

・アフガニスタンとイラクでの戦争に従軍する兵士たちが携行する装備の重量は、三〇キログラムを超えている。それが二〇キログラム程度になり、しかもそれぞれの装備の性能は落ちることはない。

・狙撃兵たちは、目視できなくなるナノマテリアルでできた〝透明マント〟を着て、一キロメートル以上離れた場所から標的を追尾するスマート銃弾を撃つ。

・戦車は従来の鋼鉄よりも強靭で軽いナノマテリアル製の装甲板を使用し、ナノテクで強化された爆薬を充塡《じゅうてん》した砲弾で大きな建造物を一発で破壊する。

・従来型の戦闘車両に搭載可能なレーザー兵器は、巡航ミサイルやロケット弾、砲弾、迫撃砲弾を狙い撃ちすることができる。

・大口径の火器はナノテクで強化された爆薬を充塡したスマート発射体を放ち、敵の堅牢な大型施設を完全に破壊することも、的確な精度でひとりの敵兵だけを殺害することもできる。

どれもＳＦのように思えるかもしれないが、ここに挙げた例のひとつひとつがナノテクノロジーで可能になることを、これから説明していく。

まずは着用可能なナノマテリアルと、それを利用する理由から始めよう。イラクで哨戒《しょうかい》任務にあたる歩兵たちが着用している防弾ベストは、敵の銃弾から身を守り、即席爆発装置《IED》に対しても多少ながら有効なものだ。しかし重量が一五キログラム以上もあるので、敏捷に動くことは難しい。この問題に対処すべく、陸軍は普段どおりに機敏に動くことができるほど軽い防弾ベストの開発に取り組んでいる。どうやらナノマテリアルが決め手になりそうだ。
[48]二〇一二年、ＩＳＮの支援を受けたマサチューセッツ工科大学《MIT》の研究者たちは、二センチメートル以上の厚みがある鈍重な防弾ベストに匹敵する防弾性がある、薄くて軽量なナノマテリアル複合材についての論文を発表した。しかしこれで終わりではない。陸軍は、それ以外の解決策をさまざまに模索しつづけている。エポキシ母材に珪素や酸化チタンのナノ粒子を加えたものや、着弾時の衝撃で硬化する二酸化珪素のナノ粒子を混入した液体ポリマー、プラスティックより軽くて鋼鉄より一〇〇倍強靭なカーボンナノチューブなども素材として候補に挙がっている。こうした不活性ナノマテリアルに加えて、陸軍はスマート・ナノマテリアルの可能性も探っている。スマート・ナノマテリアルとは、防弾ベストに埋め込まれたセンサーの反応に応じて性質を変化させるナノマテリアルだ。たとえば、センサーが衝撃を感知すると電気パルスを発し、鉄ナノ粒子と不活性油を混合したものを硬化させる。次世代の防弾ベストは衝撃や熱、化学・生体物質を感知するセンサーを内蔵したものになるのはほぼまちがいない。センサーだけでなく、ナノ医療物質を防弾ベストに浸透させることで、血液凝固剤や抗生物質などを使った救急処置を即座におこなえるようになるかもし

れない。

先にも述べたが、現在のアメリカ陸軍兵士の、防弾ベストを含めた装備品の総重量は三〇キログラムを超えている。その結果、兵士たちは筋骨格系を痛めがちになった。[49] 事実、イラクとアフガニスタンで二〇〇四年から二〇〇七年のあいだにおこなわれた医療救助の三分の一が、筋肉や骨、関節系、背骨に関わる負傷によるものだった。この状況を受けて、陸軍は防弾ベストだけではなく兵士が携行する装備品――無線機と予備バッテリー、飲料水、食糧、フラッシュライト、救急キット、弾薬など――全体の軽量化を目指している。ここでもまたナノテクが解決策となっている。珪素でコーティングしたカーボンナノチューブを電極に用いたリチウムイオンバッテリーなどは魅力的な選択肢だ。ナノテクで性能が向上したリチウムイオンバッテリーは従来のバッテリーの一〇倍の充電容量があるので、予備バッテリーは必要でなくなる。無線機やフラッシュライトなどの電気機器も、ゆくゆくはナノテクを応用することで性能と機能を落とすことなくサイズと重量を落とすことができるようになるだろう。陸軍は、兵士の携行装備品の総重量を二〇キログラム程度に抑えることを目標としている。さらに言えば、筋力を増幅させることができる外骨格スーツで全身を覆い、特別な任務を遂行する兵士が登場する可能性もある。そうした外骨格スーツは、カーボンナノチューブのような鋼鉄より強くて軽いナノマテリアルと、ナノテクで充電容量が増したバッテリーが使われることになるのはまちがいない。

〝透明マント〟は『スター・トレック』に出てくるようなアイテムだが、実際に存在する。[50] ローレンス・バークレー国立研究所とカリフォルニア大学バークレー校の科学者たちが、立体物を〝見えなくする〟透明マントを考案しているのだ。このマントはナノサイズの厚みのナノマテリアルで、対象の物体の形状に沿ってぴったりと覆い、可視光線から逃れることができる。二〇一五年九月一八日の〈Ｎａｎｏｗｅｒｋ．ｃｏｍ〉の記事にはこう書いてある。

研究者たちは〈ナノアンテナ〉と呼ばれる金製のブロック状のナノ構造体を使い、厚さわずか八〇ナノメートルの薄い膜をつくった。その膜は可視光線の反射方向を変えることができるので、生体細胞数個分の大きさで凹凸のある任意の物体を覆うと、光学的な探知で目視することはできなくなった。

透明マントを着て、肉眼で目視できなくなった軍事要員を想像してみるといい。さらにその透明マントには、断熱効果のあるホッキョクグマの体毛のように、体熱を遮断して赤外線を散乱させる効果のあるナノマテリアルを組み込んであると考えてみよう。そんな透明マントで全身をぴったりと覆いつくした特殊部隊の兵士たちは、警備が厳重な施設にやすやすと潜入することができるだろう。まさしく現代版忍者の誕生だ。従来型のカモフラージュは時代遅れになってしまう。

標的に向かって誘導されて落ちていくスマート爆弾は、すでに実戦配備されている。電子機器がナノサイズにまで縮小されると、今度は〝スマート銃弾〟も可能になるだろう。[51] 実際、ＣＮＮは二〇一五年四月にこう報じている。「今週、陸軍当局はかねてより続けていた誘導式銃弾の研究開発が大きな進展を見せたと発表した。国防高等研究計画局《DARPA》によると、このスマート銃弾は光学センサーを搭載した五〇口径の発射体で、二月に行われた実射試験で過去最高の結果を出したという」

ターゲットの名前が刻まれた銃弾があるとしたら恐ろしいことだ。正確に言うと、ターゲットの

DNAを探知するようにプログラミングされている銃弾のことだ。ここまでくると、銃弾というよ

りも銃弾サイズの自動追尾ミサイルと呼ぶべきだろう。そのミサイルはナノセンサー、ナノプロセ

ッサー、ナノ誘導システムを搭載し、特定の敵兵を探し出すことができる。どこかに隠れていても

無駄だ。スマート銃弾を使えば、狙撃兵たちは二キロメートル離れたところからでも当たり前のよ

うにターゲットを抹殺することができるだろう。

　強化鋼鉄も広く軍事利用されていくだろう。ナノ粒子とナノコーティングを使えば鋼鉄は一〇倍

強くなり、疲労耐性も増すことは3章で論じた。ここでとくに注目すべきなのは、どんな金属でも

コスト効率よく強化可能なナノコーティングだ。金属加工企業〈モデュメタル〉社のクリスティー

ナ・ローマズニーCEO（二〇一六年時点）はこう述べている。「ナノコーティング処理にかかる[52]

コストは、亜鉛メッキなどの従来の金属処理と変わらない」現行型のものより強固な装甲を持ち、

しかも重量は半分という戦車を想像してみよう。軽いということは、同量の燃料でもより速く、よ

り遠くまで走行できるということだ。これはほんの一例にしか過ぎない。金属は軍隊の至るところ

で使われているのだから。

　ナノ粒子は、通常の爆薬の破壊力を増強させる触媒として使われていることはすでに触れたが、

ここでさらに詳しく説明しよう。分子内と分子間のエネルギーの流れを操作するナノエナジェティ

ックを応用すれば、現在のものと比べて最大一〇倍の破壊力があるナノ爆薬をつくることも、ミサ

イルの推進剤の推進力を向上させることも可能だ。[53] サンディア国立研究所では、〈スーパーテルミット〉と呼ばれる物質を加えた爆薬の実験が続けられている。テルミットとは粉末アルミニウムと酸化鉄などの金属との混合物で、高温で燃焼するので焼夷弾などに使用される。テルミットの金属粒子はマイクロメートルサイズだが、スーパーテルミットではナノ粒子化している。ナノ粒子は表面積対体積率が大きいので燃焼速度は速くなる。スーパーテルミットの応用先は広範囲にわたり、大砲やミサイル、ロケット弾はもちろんのこと、スマート銃弾にも使うことができる。通常の銃弾なら体をかすめた程度では致命傷にはならないが、スーパーテルミットを充塡したスマート銃弾ならかすめただけでも爆発し、ターゲットはおろか近くにいる者たちを死に至らしめることができる。

可搬型レーザー兵器も陸軍全体で配備される可能性が高い。[54] 二〇〇九年、ノースロップ・グラマン社は出力一〇〇キロワットの電子レーザーの開発に成功したと発表した。このレーザーは巡航ミサイルや砲弾、ロケット弾、迫撃砲弾を破壊することが可能だという。化学レーザーよりコンパクトにつくることができるので、一般的な軍用車両に搭載することもできる。『スター・トレック』や『フラッシュ・ゴードン』といったSF映画に出てきた兵器が、科学の力で現実のものとなるのだ。

ナノテクノロジーは現在の火砲の役割を根本的に変えてしまうだろう。それどころか、ナノテクで変化を遂げた火砲は地上戦力である陸軍の役割も変えてしまうかもしれない。陸軍は戦略軍へと変貌し、地上のみならず空と海でも戦える力を備えるだろう。火砲の歴史は何百年もさかのぼることができる。火砲は、南北戦争から第一次世界大戦、そして第二次世界大戦にかけて主要兵器として使われてきた。一般的に火砲とは、榴弾砲・カノン砲・迫撃砲などの大型の発射体を放つ兵器のことを指し、小火器とミサイルは含まれない。ナノ電子機器とナノセンサーの力により、火砲の発射体は〝スマート化〟する。つまり誘導ミサイルに似た性質を持つようになるということだ。特定の座標、建造物、さらには人間を標的にするようにプログラムすることが可能になるかもしれない。さらにはナノテクで強化された爆薬によって、新たなレベルの破壊力を持つようになるだろう。周辺に被害を拡大させることなく、ピンポイントで標的を砲撃できるようにプログラムすることも可能になるはずだ。

陸軍はアメリカ全軍内で最も古い歴史を持つが、今やナノ兵器などのハイテク装備を活用している。〝地上軍〟という名称は〝ナノ兵器地上軍〟に取って代わられるかもしれない。

4　アメリカ空軍のナノ兵器

国防総省が発表した〈防衛ナノテクノロジー研究開発プログラム〉の報告書は、アメリカ空軍におけるナノテクノロジーの研究開発について意義深い洞察を示している。いくつか引用してみよう。

基本的な現象およびプロセス——最先端技術を駆使して、高解像度のマルチスペクトル画像システム用の世界最小の画素子集合体を開発する。

素材——好ましいナノ粒子を特定し、多層構造の超電導線の製造技術を開発する。製造には、相応の工業プロセスを用いて粒子の拡散を慎重に管理する必要がある。

装置およびシステム――二ナノメートルの厚さのプラチナ・珪素化合物の膜を珪素に吸着させる技術と、赤外線カメラシステムを凌駕する画像処理技術の開発。

製造技術――電子グレードの接合点を持つカーボンナノチューブをシリコン半導体基板上に均一に配置し、超軽量の赤外線探知装置を製造する。

環境・健康・安全面への配慮――サイズ・形状における生理化学的性質と界面化学に関わるリスクに対する評価研究手段の開発。

このリストに目を通すと、こんな疑問が当然のように沸き起こってくる――アメリカ空軍はどうしてナノテクを必要としているのだろうか？　答えをひと言でいえば、無人航空機《UAV》――いわゆるドローン――の戦略的要求が高まってきたからだ。[55] 現在、空軍の保有機の三分の一がドローンだ。情報収集と高価値標的の殺害任務に劇的な効果を発揮することが判明した結果、ドローンの需要はオバマ政権下でうなぎ上りに急増した。[56] ある推計によれば、この八年間でドローンを使って殺害した敵戦闘員は二五〇〇名以上にものぼるという――そのなかにはまちがいなく民間人も含まれている。空軍が開発を進めるナノ兵器の大部分は、ドローンの性能向上の過程で生み出されたものだ。高解像度のマルチスペクトル画像システムとナノテクで性能が向上した赤外線探知システムのおかげで、偵察任務におけるドローンの有効性は向上した。二〇〇九年の国防総省の報告書では、ナノテクを応用した弾薬を空軍が必要としている根拠をこう示している。「最先端航空機の限られた弾薬格納スペースに搭載するためにも、ＵＡＶを武器とするためにも、弾薬の小型化が必要である。小型化しても性能と殺傷性を損なわない、ナノアルミニウムで強化した弾薬を現在開発中だ」

私の予測では、ドローンが空軍の保有機に占める割合は、二〇三〇年代には三分の二になると思われる。その根拠は三つある。

・[57]二〇二五年から三〇年のあいだに、人工知能《ＡＩ》は人間と同等の知能を持つようになるだろう。突拍子もない予言のように思えるかもしれないが、そんなことはない。ＡＩに詳しい未来研究者の多くがそう言っているのだ。急激な進化を続けるＡＩについては以下の章で触れる。

・人間と同等の知能を持つＡＩが登場し、ナノ電子機器の小型化が進むと、ＡＩマシンはドローンに搭載できるほど小さくなり、人間のパイロットに取って代わるだろう。ドローンは有人航空機の役割をすべてこなせるようになる。空母への発着艦も可能になるだろう。

・アメリカ国民は、遠く離れた国で家族を失うことにうんざりしている。たとえそれが理にかなった大義のためであっても。[58]二〇一四年四月三〇日、〈ウォールストリート・ジャーナル〉紙はこう報じている。「ワシントンはウクライナ問題でロシアとの対決姿勢を見せているが、本紙とＮＢＣによる世論調査では、国民の大多数は国際問題における合衆国の役割を減らすことが望ましいと思っていることが判明した」

ドローン攻撃機と言えば〈プレデター〉と、それより大きな〈リーパー〉をイメージする人も多いだろう。両機とも有人攻撃機をスケールダウンしたものだ。[59]未来のドローンは鳥と同じサイズになるだろう。それどころか、偵察と暗殺が目的なら、虫程度の大きさになるかもしれない。

ここでアメリカの核兵器に目を転じてみる。アメリカ軍が保有する核兵器は、ネブラスカ州のオファット空軍基地に本部を置く戦略軍の管理下にある。その戦略軍の中核をなしているのが空軍と海軍だ。核ミサイルの最新状況を見てみよう。

戦略ミサイルに関する最新の技術進展は、極超音速ミサイルの開発だ。極超音速ミサイルとは、直角に近い急角度からマッハ一〇のスピードで標的に接近して破壊する兵器だ。[60]国防総省は、この最先端兵器に組み込まれているテクノロジーについて固く口を閉ざしているが、私はナノテクが重要な役割を果たしていると思う。用いられているテクノロジーを論じるまえに、この兵器に与えられる役割を理解してみよう。

ロシアと中国は、アメリカのステルス技術の脅威を認識している。そんな両国もステルス兵器の開発と、アメリカのステルス兵器を探知する手段の開発に着手した。その結果、いたちごっこになってしまった。ところが極超音速ミサイルはステルス技術など必要としない。音速をはるかに超えるスピードで直角に近い角度から突っ込んでくるミサイルを探知して破壊することなど、現在のミサイル迎撃システムでは不可能だ。国防総省の戦略的目標は、一時間以内に地球上のどこへでも攻撃ができるようにすることにある。弾頭には通常爆薬を使うということだが、超小型核爆弾のことを鑑みれば、通常爆薬と核兵器を隔てる境界は曖昧になってきている。使用されているテクノロジーだが、推進剤にはナノ粒子が使われている可能性が高い。ナノ粒子を使ったスーパーテルミットが通常の爆薬と推進剤のエネルギー放出量の増加に役立つことは証明されている。つまり、国防総省がこのミサイルの速度アップにスーパーテルミットを使おうと考えたとしても、それは理にかなっているということだ。このミサイルは極超音速で飛行するので、軌道修正は瞬時におこなわなければならない。最先端の誘導・制御システムが導入されている可能性はきわめて高い。そこにナノ電子プロセッサーが使われていることは容易に想像できる。まるで『スター・ウォーズ』に出てきそうな話だが、アメリカはすでにこのミサイルの実験に成功している。ロシアと中国も極超音速ミサイルの開発を試みている。ロシアはＹｕ－71、中国はＷＵ－14というコードネームの極超音速滑空機のテストを続けている。この最新兵器の開発競争では現在アメリカが一歩先を行っているが、それはもっぱらナノテクノロジーのおかげだ。ここでひとつ留意していただきたい点がある。極超音速ミサイルにナノテクノロジーが応用されているということは推測にしか過ぎないが、いくつもの点が結びつきつつある。

ここで超小型核爆弾についても語っておくべきだろう。[61] 1章で述べたとおり、アメリカとロシア、そしてドイツも開発に取り組んでいると思われる超小型核爆弾は、ほんのわずかな量の核分裂性物質を使用してナノテクで強化した核爆弾だ。爆弾の構造にもよるが、最大で通常爆弾一〇〇トン分の破壊力を持ちながら、爆発しても放射性降下物がほとんど生じない。使用する核分裂性物質がごく微量で、放射性降下物を発生させないという点から、アメリカは超小型核爆弾を通常兵器として分類している可能性がある。

アメリカの超小型核爆弾開発はジョージ・Ｗ・ブッシュ政権下の二〇〇二年に始まった。製造技術についてはいまだに極秘になっている。しかしナノテクを応用した高出力レーザーを用いれば、重水素化トリチウムを使った小規模の熱核融合反応を引き起こすことができると推測するナノテク研究者もいる。開発に着手したのが二〇〇二年だったことを考えると、超小型核爆弾はすでに存在していると思われる。アメリカは極超音速ミサイルを通常兵器として捉え、地域紛争で使おうとしている。だとしたら、同じく通常兵器としている超小型核爆弾を、その弾頭としてふさわしいと考えても不思議ではないだろう。とくに、強大な破壊力を必要としている場合には。

5 アメリカ以外の国家もナノ兵器開発を進める国家

アメリカ以外の国家もナノ兵器の開発を進めている。しかしこの開発競争はマスコミで報道されることはほとんどない。それでも主要各国は年間何十億ドルもの予算を投じている。

これからのパートは印象派の絵画のように見てほしい。主要各国は自分たちのナノ兵器を秘密のベールで覆い隠しているので、全体的にぼんやりして見えるかもしれない。そこに、ここ二〇年のあいだに発表された論文や書籍、報道などから得た情報をすり潰してつくった絵具を使い、示唆に富む筆さばきでキャンバスに描きつけると、さまざまな国家がナノ兵器の開発競争を繰り広げている光景が浮かびあがってくる。ここで印象派の絵画を喩《たと》えとして使ったのは、これから続く話は広く解釈に関わることだからだ。絵画の世界で印象派が誕生したきっかけは、カメラの発明だった。カメラは、それまで絵画が描いてきたものをきわめて鮮明に再現することができた。つまり画家は、カメラの登場により風景や人物を〝記録する〟仕事から解放されたのだ。画像の記録ならカメラにとってはお手のものだ。その結果、画家たちは画像を〝解釈する〟自由を得た。印象派はこうして誕生した。ここから先は、ナノ兵器の開発競争の全体像を、印象派の画家たちがやってきたように解釈してみる。皆さんも目についた情報を見直して、それぞれに解釈してみることをお勧めする。

どんな国々がナノ兵器の開発競争をリードしているのだろうか？　それを見つけ出すには、金と特許の流れを追えばいいだろう。

国家が特許を出願することなんかないと思えるかもしれない。私だってそう思う。しかしナノ兵器の開発能力は、その国の民生用ナノテク製品の開発能力と密接に結びついている。そして企業は特許による保護を得ようとする。つまりここまでずっと語ってきたとおり、ナノテクの商業利用はナノ兵器開発の根幹となっているのだ。

学術誌に発表されたナノテク関連の論文も目安にすればいいと思われるかもしれない。たしかに論文は研究の進展程度を知る指標だが、特許は研究によってどのようなものが生み出されたのかを如実に示してくれるのだ。特許のほうが、国家のナノ兵器開発力を測る手がかりとしては優れていると私は思う。

ここからは金の流れを見てみよう。しかしその金額はなかなか見えてこない。理由はふたつある。ひとつ目は、ナノテクおよびナノテクをベースとした製品に対する世界共通の定義が存在しないこと。ふたつ目は、国家というものは兵器への投資を明らかにしないということだ。にもかかわらず、アメリカ政府のみならず、さまざまな機関が他国のナノテク関連への投資額を探り出そうとしている。

まずはアメリカ政府が割り出した金額を見てみよう。[62] 国家ナノテクノロジー・イニシアティブ《NNI》のウェブサイト〈nano．gov〉には、「二〇〇八年のナノテクノロジーの研究開発への投資額は、ヨーロッパ連合《EU》は一七億ドル、日本は九億五〇〇〇万ドルだったと推定される。中国は四億三〇〇〇万ドル、韓国は三億一〇〇〇万ドル、台湾は一億一〇〇〇万ドル……それに対し、合衆国政府の二〇〇八年の投資額は一五億五〇〇〇万ドルである」とある。むろんこれはひとつのデータに過ぎず、しかも私の調査によれば包括的なものでもない。たとえばロシアについては何も書かれていない。ロシアと言えば、二〇〇七年に〈すべての爆弾の父〉と呼ばれる、ナノテクを応用した最強の非核爆弾の実験を成功させた。このことから、NNIはナノ兵器についての言及を意図的に避けていることが見て取れる。[63] それでも、二〇一二年にNNIが開いた学術会議の公開されている議事録から、ナノテクへの投資についての世界事情の全体像がより鮮明に見えてくる。この会議で発表されたレポートのひとつに、ロンドンに拠点を置くコンサルティング企業〈サイエンティフィカ〉のティム・ハーパーによる『ナノテクノロジーに対する世界の投資動向』がある。〈サイエンティフィカ〉は二年おきに政府と民間の投資データを収集しており、最も正確な投資状況を把握しているという。公表されているデータを調べてみると、〈サイエンティフィカ〉がそう自負しているのも無理からぬことだということがわかる。同社のレポートの重要な部分を抜き出してみた。

・ナノテクノロジーに対する投資の世界総額は、二〇一五年には二五〇〇億ドルに達すると思われる。

・そのうち各国政府による投資額は六七五億ドルで、残りは企業研究などの民間投資である。
・購買力平価《PPP》の観点から投資額の多い国の順位をつけると、一位はアメリカ合衆国、二位はロシア、三位は中国。この三カ国から大きく引き離されてEU、日本と続く。

これでナノ兵器開発競争の主役たちの正体がかなり明らかになった。あらゆる情報を鑑みても、アメリカが一番の主役なのは疑いの余地がないと思われる。しかしロシアと中国がその背後に迫っているのもまちがいない。

このレポートを読むと、今度はこんな大きな疑問が湧いてくる――世界各国はナノテク開発に巨額を投じているが、どれほどの成果を見せているのだろうか？　この問いに答えを出すべく、〈サイエンティフィカ〉は世界各国の国際競争力、科学研究機関のクオリティ、革新的技術を生み出せる力、企業の研究開発費、そして実質的な投資額などの数々の要素に注目し、〈ナノテクノロジーインパクト係数〉なるものを導き出している。トップ三カ国の数値を見てみよう。

アメリカ合衆国　一二〇・四一
中国　九八・一八
ロシア　九八・一八

ここまでがナノテクを巡る金の流れだ。次は特許について見てみよう。[64]二〇一五年にアメリカ特許商標庁に出願されたナノテク関連の特許出願件数の内訳を見てみよう。

アメリカ合衆国　四三六五件
中国　三九三件
ロシア　八件

二〇一五年の出願件数を見れば、過去の実績もなんとなくわかってくるだろう。ちなみにヨーロッパ特許庁の二〇一五年の出願件数は、アメリカ四二一件、中国三八件、ロシア三件となっている。

ここまで述べた研究結果と、その国のナノ兵器開発能力はナノテク研究開発費と特許出願数に直結するという仮説をもとにして、以下のような結論を導き出した。

・ナノ兵器の開発競争はアメリカ合衆国がリードしている。
・そのすぐ後ろを中国が追っている。
・ロシアは米中に大きく引き離されている。

このランクづけの根拠を示そう。国家投資額、ナノテクノロジーインパクト係数、特許出願数のどれを見ても、アメリカがトップなのはまちがいない。同様の理由から中国が二位、ロシアが三位だというのも納得だろう。

意外なのは、ロシアがアメリカと中国に大きく水をあけられていると思われることだ。〈サイエンティフィカ〉の推算では、ロシアのナノテク投資額は中国を上回っている。なのにどうして芳しい結果を残せていないのだろう？　原因のひとつが国策企業〈ロシア・ナノテクノロジー・コーポレーション（ロスナノ）〉社にある。この話は複雑で、歪みと裏切り、腐敗と陰謀に満ちている。そもそもの始まりから説明しよう。

[65]二〇〇七年、ロシアの指導者たちは〈ロシアン・コーポレーション・オブ・ナノテクノロジーズ〉を設立した。二〇〇〇年にNNIをスタートさせて成果をあげているアメリカの向こうを張ったものと思われる。しかし二〇一一年、経済不況と構造的な腐敗が原因で、同社は国営企業から公開型株式会社〈ロスナノ〉社に再編された。しかしその時点で、同社の株式はロシア政府がすべて所有していた。だったらどうして再編したのだろうか？　〈ロスナノ〉のアナトリー・チュバイス社長によれば、「公開型株式会社にしたのは、より高い透明性とより大きな責任を持つ組織にするためだ。我々が目指しているのは、ビジネス界と科学界のコラボレーションというより高度なステージだ。この努力は、ロシアのナノテク産業で進められる新しいハイテクプロジェクトに必ずや反映されるだろう」ロシア政府はこの国策企業を二〇二〇年までに民間投資グループに売却しようとしている。しかし同社もロシアお得意の汚職と無縁ではなく、しかもビジネスと科学の連携もうまくいっていないので、結果として財務上の損失が生じていると思われる。この不安な推測は的中し、〈ロスナノ〉の経営はのっけから前途多難なものとなった。ロシア連邦会計監視庁によれば、同社の二〇一三年の損失額は一三億七〇〇〇万ドルにのぼるという。そのなかには二〇〇七年から存在

するペーパーカンパニーによる四〇〇〇万ドルの損失、役立たずの半導体製造設備による四億五〇〇〇万ドルの損失、リスクを伴うベンチャー事業に対する予備金の八億ドル、そして二〇一二年の運用損益八〇〇〇万ドルが含まれている。こうした不名誉な実情が明らかになると、プーチン大統領はチュバイス社長を非難し、CIAの工作員に指示されて誤った経営判断を下したのだと断罪した。[66]それを受けてチュバイスは記者会見を開き、みずからの過ちをこう認めた。「ロシアにおけるナノテクノロジー分野の失策の最大の原因は我々にある。我々が犯した失敗のことは、ほかの誰よりも我々が一番よくわかっている。だからこそあえて言おう。ナノテクノロジー開発の資金を任せることのできるものは、我々をおいてほかに誰がいるというのだろうか？　これは理のある主張だと言えよう」チュバイスはさらにこう続ける。「我々に課せられた責務は、二〇二〇年までに一五〇〇億ルーブル（二六億ドル）の資金を調達することだ。正直な話、同じ資金調達でも、石油や天然ガス、それともモスクワの不動産よりも、ロシアのハイテク産業、しかもナノテクノロジー分野のほうがよっぽどやりがいがある」残念ながら、〈ロスナノ〉の状況は時を経るにつれて悪化している。[67]二〇一五年、〈エフォースチュル〉社の社長で〈ロスナノ〉の監査評議会の理事だったレオニード・メラメドが、〝公的資金の浪費〟に関する捜査の過程でプーチン大統領の指示により自宅監禁下に置かれた。メラメドの逮捕後、〈ロスナノ〉の五人の経営幹部がロシアを去った。かくしてロシアのナノテクノロジーへの参入は惨憺《さんたん》たる失敗に終わった。相当な額の資金を投入したにもかかわらず、ロシアがナノテク開発競争で米中に大きく引き離された三位に甘んじている理由はここにある。

さて、ここから中国とロシアがナノテクノロジーをどのように応用してナノ兵器を開発しているのか見てみよう。中国は世界第二位の経済大国で、軍事費もアメリカに次いで多い。その強大な経済力と軍事力をバックにして、中国は国際舞台で無視できない存在になっている。ナノテクの研究開発能力についても、中国はアメリカに続く二位だと先ほど述べた。それはつまり、中国もアメリカのようにナノテクを応用した兵器の開発を推し進めていてもおかしくないということだ。

[68]二〇一五年九月三日、中国は中国人民抗日戦争・世界反ファシズム戦争勝利――第二次世界大戦中に中国を侵略した日本に対する勝利――の七〇周年を祝賀する軍事パレードを北京で催した。このパレードは、戦略ミサイルや対艦ミサイルなど数々の最新鋭兵器の世界デビューの場となった。しかしトップシークレットとされている三つの兵器は登場しなかった。その三つとは――

①WU-14極超音速滑空機

マッハ一〇の超音速で滑空するミサイルは、アメリカが開発中の極超音速ミサイルと多くの点で似ている。アメリカとロシアに次いで、中国は二〇一四年の初めに最初の実験をおこなった。中国の極超音速滑空機は〝ブースト滑空〟と呼ばれる技術を応用したブースターロケットを使い、宇宙圏の端に到達する。その後は大気圏に再突入し、マッハ一〇の速度で標的に向かって直角の角度で突進していく。これほどの極超音速と急角度では、現行のミサイル迎撃システムでは破壊することはできない。WU-14は通常弾頭も核弾頭も搭載可能で、地上と海上の標的の両方に対して有効と思われる。このミサイルに使われているナノテクノロジーは、アメリカの極超音速ミサイルと同類のものだろう。WU−14のブースト滑空技術には推進力をアップさせるナノ粒子が、誘導システムにはナノ電子機器が使われている可能性がある。

② サイバー戦力

中国のサイバー空間における諜報・偵察活動は素晴らしい成果をあげていて、その技術は最高機密中の最高機密とされている。アメリカやオーストラリア、カナダ、インドなどさまざまな国が、中国のサイバースパイ行為を非難している。その中国も、アメリカがサイバースパイをおこなっていると抗議しているが、アメリカは否定している。サイバー攻撃の攻撃源を特定することは難しい。

現実には、その攻撃が国家主導によるものだと証明することはほぼ不可能だ。中国がサイバー戦に最先端・最高グレードのコンピューターを使っていることは想像に難くない。ということは、そのコンピューターにはインテル社のインテル ®Core™ Mプロセッサーのようなナノ電子プロセッサーが使われていると考えられる。アメリカとロシアの軍事技術をコピーする能力にかけては、中国の悪評はきわめて高い。戦争目的で使っているのであれば、ナノ電子機器もナノ兵器と言える。

③ 地上発射型衛星破壊ミサイル

現在のアメリカ軍は、偵察衛星と通信衛星なしには軍事作戦を遂行できない。そして中国は二種類の衛星破壊ミサイルを保有している。保守系メディア〈ワシントン・フリービーコン〉[69]はこう報じている。

101　4章　羊の皮を被った狼

近日中に議会に提出される米中経済・安全保障再検討委員会の報告書では、中国の軍事および民間の宇宙開発能力の分析に丸々一章を割いている。

同報告書は、中国のふたつの衛星破壊ミサイル、ＳＣ－19と大型のＤＮ－２について論じている。これらのミサイルは、衛星が中国の領土上空を通過する際、所定の飛行経路に沿って発射される……最新型のＤＮ－３の試験発射については言及していない……宇宙統合機能構成部隊司令官のジョン・レイモンド空軍中将は、三月の議会公聴会でこう述べている。「あらゆる軌道上にあるすべての衛星が脅威にさらされるという事態が、急速に近づきつつある」

シンクタンク〈国際評価戦略センター〉の中国軍事評論家リチャード・フィッシャーは、ＤＮ－３の衛星迎撃テストが報道されたら「ＤＮ－２のアップグレード版であり、新型の衛星破壊ミサイルであるＤＮ－３についての初めての言及となる」と述べた。

低軌道と高軌道にある衛星にミサイルを命中させるためには複雑な技術が必要だ。それはつまり、中国の衛星破壊ミサイルには高度な誘導システムが導入されていることを意味し、ナノ電子プロセッサーを使用している可能性が高い。一般的に、軍事システムの開発と配備には一〇年単位の時間がかかる。中国の最先端技術も、長期間の軍事演習を経なければ実用化されない。開発期間中に最先端技術を使えば、配備したときにはもう時代遅れになっているという事態を避けることができる。つまり、中国がナノ電子マイクロプロセッサーを使用していると考えるのは当然と言えよう。もしそれが本当なら、これもまたナノ兵器の一例となる。

この三つの中国の兵器システムにおいて、ナノテクノロジーがひと役買っていると見てまちがいないだろう。真っ先に考えられるのはナノ電子機器だ。インテル社のインテル® Core™ Mプロセッサーは広く一般に使われているので、その性能を把握した中国はほぼまちがいなくサンプルを入手する手段を見つけているだろう。中国が不正な手段を使ってこのプロセッサーをコピーしたりサンプルを入手したりして、自分たちの兵器システムに取り込んでいることなど、あの国がこれまでしてきたことを思い返してみれば明らかなことだ。中国の軍事力を考える場合、〈非対称戦争〉[70]という言葉を念頭に置かねばならない。非対称戦争とは、戦力的に差がある相手に対して、正面からぶつかるのではなく、対抗や予測が難しい手段で戦闘を仕掛けることだが、ここでは軍事力で勝る敵に対して、その優位性の根拠となっている軍事システムを無力化することによって勝利を収めることを指す。たとえば、アメリカ軍のように技術的に進歩した軍隊を無力化するには、偵察衛星と通信衛星を破壊してしまえばいい。

最後に、ロシアのナノ兵器について論じてみよう。ナノテクノロジーの研究開発、そして実用化については米中に大きく水をあけられた世界第三位となっているロシアだが、それでも重要な役割を演じていると見るべきだ。ロシアの指導者たちが、民間と軍事の両面でのナノテクノロジーの重要性を理解しているのは明らかだ。そしてロシアは中国と強固な貿易関係を築いていて、原油と兵器システムを輸出している。[71]たとえばロシアはS－400防空ミサイルシステムを中国に売却し、二〇一七年から引き渡しが開始された。この取引の詳細ははっきりとしていないが、ロシアは見返りとしてハイテク軍事システムを得ていると私はにらんでいる。中国は極超音速ミサイルの発射実験を数回成功させている。[72]ロシアの指導部はこのテクノロジーを入手して、極超音速ミサイルの開発を進めたいと考えているのだろう。あとは皆さんの手で点と点をつなげていただきたい。

先に論じたとおり、ロシアもナノ兵器の開発に取り組んでいる。ナノテクを応用してすさまじい破壊力を得た非核爆弾〈すべての爆弾の父〉の実験を二〇〇七年に成功させたことは1章で触れた。[73]二〇一四年、アメリカの軍事系情報サイト〈ＤｅｆｅｎｓｅＲｅｖｉｅｗ．ｃｏｍ〉は、ロシアがナノ粒子を使って、防弾ベストと兵士が携行する兵器類の改良を試みているとする論文を掲載した。その論文は、ロシア側はナノ粒子の可能性を把握していて、ナノ兵器の開発を推し進めていると明言している。ロシアはナノテク開発能力についてはアメリカの後塵を拝しているように思える。しかし冷戦期のロシア（旧ソ連）は、諜報活動と国力のかなりの部分を軍事に過大投入することで、アメリカに追随する軍事力を維持しつづけた。[74]プーチン大統領は二〇一三年の連邦議会での演説で、このように述べた。「ロシアはあらゆる挑戦に応じるつもりだ。政治面であっても技術面であっても、戦いは受けて立つ。我々はそれにふさわしい力を有している」国防と防衛産業を管轄するドミトリー・ロゴージン副首相は、ロシアは膨大な費用がかかる軍事競争に参入するつもりはないが、〝非対称的な手段〟を通じて軍事的均衡を保ちつづけるだろうと明言した。こうしたコメントから、軍事面でアメリカと互角にやりあうにはテクノロジーが必要不可欠だとロシア指導部は自覚していることがはっきりと見て取れる。ロシアが防弾ベストやその他の兵器の改良にナノ粒子を使おうとしているのは明らかだ。ナノ兵器開発に乗り出した時期を考えると、ロシアは何らかの手段を用いてアメリカのナノ兵器の開発技術のいくつかを入手したりコピーしたりしたのかもしれない。
[75]二〇〇〇年代の中頃、ロシアとアメリカは超小型核爆弾を製造していることを互いに認識していた。一説では、その重量は三〇キログラム前後で、スーツケースではなくリュックサックに収まる大きさだという。[76]ロシア最大の諜報機関、連邦軍参謀本部情報総局《GRU》の幹部で、母国を裏切ったスタニスラフ・ルネフ大佐は、ロシアはスーツケース型の核爆弾を保有していると証言したが、連邦捜査局《FBI》によれば、その主張は信頼性に欠けるという。しかしナノテクノロジーの勃興により、本ぐらいのサイズで重量も二キログラム少々という、本当の超小型核爆弾が現実のものになるという懸念が高まっている。[77]二〇〇五年、〈MITテクノロジーレビュー〉誌にこんな論文が掲載された。

> イギリスの軍事情報企業〈ジェーンズ・インフォメーション・グループ〉の兵器専門家アンディ・オッペンハイマーによれば、ナノテクノロジーには「兵器の様相を一変させてしまう力」があるという。アメリカ、ドイツ、ロシアなどの国々は、ナノテクノロジーを駆使して超小型の核起爆装置を開発し、超小型核爆弾をつくろうとしている。オッペンハイマーはそう述べる。
>
> 超小型核爆弾はブリーフケースに収まる程度の大きさでありながら、ビル一棟を破壊できるほどの威力がある。核物質を使ってはいるものの、小型であるがゆえに「通常兵器との境界線が曖昧になってしまう」とオッペンハイマーは語る。

オッペンハイマーの言うとおり、アメリカとロシア、そしてドイツは超小型核爆弾を開発しているのだろうか？　アメリカはナノテクノロジーの最先端を走っているので、すでに開発済みなのではないかと思われる。それに比べるとロシアのナノテクはまだまだ発達段階にあるので、保有しているとは断言できない。しかしロシアには核開発技術と諜報活動にかけては長くて奥深い歴史があるので、可能性は低いものの保有していないとは言い切れない。ドイツはナノテク開発のインフラをしっかり整えているので、超小型核爆弾を製造する力はある。

ここで重要なポイントを指摘しておく。中国とロシアは、共に非対称的な戦闘能力を強調している。そのおもな理由は、両国が直面しているふたつの問題にある――

・アメリカと比肩しうるほどの軍事費を出しつづけることができない。
・アメリカが確実に主導権を握っている分野では、軍事的均衡をつくりだすことはできない。

この章を終えるにあたって、大事な点をふたつ論じてみよう。

・これからの戦争は、ナノ兵器というサイズ的に非常に小さな非対称戦力が勝敗を左右する。
・ナノ兵器を開発・配備し、そして実戦で使用しても、人類は滅亡しないのだろうか？

非対称戦争を戦略として明確に打ち出している中国とロシアが、ナノ兵器に力を入れているのは驚くにはあたらない。両国がどんなに頑張っても、ここ一〇年か二〇年のうちに通常戦力と核戦力でアメリカと軍事的均衡を築くことは、財政的にも技術的にも難しい。軍事大国でありつづけるには、非対称戦力を増強させるしかないのだ。そこで力を発揮するのがナノ兵器だ。防衛手段がない強力なナノ兵器をひとつだけ保有していれば、アメリカを窮地に追い込むことができる。たとえば、鋼鉄に重大なダメージを与えるナノボットを何十億個も製造してアメリカ国内に秘密裏に持ち込めば、世界最強を誇る兵器群は抑止力として機能しなくなるだろう。ある意味、相互確証破壊の時代に逆戻りするということだ。ナノ兵器を使う敵に対して、アメリカは核で対抗することもできるが、そんなことをすれば文明は崩壊してしまうだろう。毒性ナノ粒子のようなシンプルなものでも、何億、いや何十億もの人々を死に至らしめることができる。ナノ兵器はきわめて小さいが、抑止力としての効果は絶大だ。ここでナノ兵器の搬送方法も明らかにしておこう。ナノ兵器が戦略的に有利なのは、敵対行動を起こす以前に敵国の領土内に配置することが簡単なところだ。ナノボットやナノ粒子といったナノ兵器はきわめて小さいのだから、敵国内にこっそりと持ち込んでもいいし、そればところか敵国の領土内で製造してもいい。こうした作戦行動は新しいものでも、向こう見ずなものでもない。先ほど述べたGRUのスタニスラフ・ルネフ大佐は、ロシアはRA─155という"スーツケース型"戦術核兵器をすでにアメリカ国内に持ち込んでおり、戦争が起こった場合にはこれを使って政府要人を暗殺するつもりだと証言した。FBIは疑問視していると前述したが、それでも彼の主張は、少なくともこうした暗殺戦略がGRU内では認識されていたことを示唆している。

107 4章 羊の皮を被った狼

それでは、ナノ兵器を開発・配備し、そして実戦で使用しても、人類は滅亡しないのだろうか？という問いかけを考えてみよう。答えを見いだすまえに、ナノ兵器がもたらす脅威を正しく認識してみよう。ナノ電子マイクロプロセッサーを誘導システムに使い、ナノ粒子によって推進力がアップした極超音速ミサイルであっても、敵国民のほぼ全員を殺すことが可能な昆虫大の超小型ロボットであっても、ナノ兵器はパワーバランスを崩せるだけの力を秘めている。とある〝ならず者国家〟や〝偶発的な事故〟のせいで、防ぐ手だてのないナノ兵器による攻撃がアメリカをはじめとした核保有国で起こったら、あっというまに人類滅亡に直面する事態にまでエスカレートしてしまうだろう。この状況を再現した、架空の戦争のシナリオを描いてみよう。

【シナリオその1】

　中国が自国の領海だと主張する南シナ海で、アメリカが空母を航行させる。その行為を中国本土を攻撃するためだと解釈した中国は、ナノテクを応用したWU－14極超音速滑空機を発射して空母を撃破する。アメリカの潜水艦隊と空母打撃群の艦船は、全力で脅威を排除せよという指令を受ける。陸海空の中国戦力に対するアメリカの一斉攻撃が始まる。この時点で、事態は外交努力の限界を超えてしまう。人間が戦いを止めようとするよりも早く、防衛および攻撃システムが自動的に作動したのだ。中国の攻撃の余勢を借りて、北朝鮮も韓国と日本に核攻撃を加える。そんな北朝鮮も、アメリカの核弾道ミサイルで徹底的に破壊される。太平洋中央部に展開していた中国の原子力潜水艦が、アメリカに向けて核弾道ミサイルを発射する。しかしアメリカは攻撃源

108

を特定できず、同海域で行動していることがわかっていたロシアの原潜を疑ってしまう。アメリカはロシアに報復する。かくして世界大戦が勃発する。これはあくまで架空のシナリオだが、登場する戦力は実在する。

【シナリオその2】

ならず者国家がアメリカに対してナノ兵器による攻撃を仕掛ける。全主要都市に殺人ナノボットを放ったのだ。何百万もの国民が発症して死に至ったところで、ようやくアメリカはナノ兵器の攻撃を受けていることを理解する。しかしこの攻撃を止める効果的な対抗手段は、その全戦力を動員するしかない。アメリカと北大西洋条約機構《NATO》加盟国は報復に打って出る。攻撃は広範囲にわたり、ナノ兵器の攻撃を仕掛けたと思われるならず者国家とテロ組織に核ミサイルが撃ち込まれる。その過程で、核攻撃が〝誤解〟を生む。ロシアはアメリカによる先制攻撃だと解釈し、すぐさま核による報復攻撃を加える。両国の散らす火花が飛び火し、世界は戦火に包まれる。中国や北朝鮮などの国々もアメリカの敵として参戦を余儀なくされる。この地球規模の大破壊により人口は激減し、世界滅亡を描いた映画に出てくる哀れな生き残り程度になってしまう。これもまた架空のシナリオだが、殺人ナノボットはすでに実在するかもしれない。このナノ兵器については5章で論じる。ナノボットはまだ兵器として運用されていないが、一〇年以内に実現するかもしれない。

ナノ兵器は人類の滅亡をもたらすかという疑問に答えることは、なかなか難しい。二〇〇〇年にナノテクノロジー時代に突入して以来、世界各国はナノ兵器の開発を続けているが、それでも人類は生き延びつづけている。しかし現在までに開発されているナノ兵器は、まだまだ初歩的なものだ。これから一〇年か二〇年かのちには、さらに高度なものが登場すると思われる。そのとき人類は生き残ることができるだろうか？

殺人ナノボットによる攻撃を描いたシナリオその2を最後に持ってきたのは、訳あってのことだ。このことだけは忘れないでほしい。ナノボットはよちよち歩きの段階にあるが、ナノテクノロジーの発展速度から考えると、ナノボットが抱えるリスクに対する備えはしておくべきだろう。

5章　超小型《マイクロ》ロボット・ナノボットの登場

戦争は変わりつつある。人類史上初とも言える、大きな変化が起こっている。アメリカ軍はイラク戦争にドローンを数機しか投入しなかったが、今では五三〇〇機も保有している。無人の陸上用兵器システムはひとつもなかったが、今では一万二〇〇〇台もある。技術用語の〈キラーアプリケーション〉は、戦場では新しい意味合いを持っている。

ピーター・ウォレン・シンガー
（国際政治学者）

ナノボットとはナノサイズのロボットのことだ。そしてロボットは主として戦争のなかで育ってきた。その進化の歴史を短く振り返ってみよう。

軍事用ロボットの起源は一九世紀にさかのぼる。[78]一八九八年、〝マッド・サイエンティスト〟とも〝電気の父〟とも称されるニコラ・テスラが、アメリカ海軍に無線操縦式のボートを実演してみせた。この技術を応用すれば、無線操縦式の魚雷を開発できるというのが彼の売り口上だった。結局採用を見送ったところを見ると、海軍にとっては荒唐無稽な話だったにちがいない。アメリカ海軍が先端技術を駆使した兵器の採用を見送ったのは、実はこれが初めてではない。[79]一八六六年、イギリス人技師ロバート・ホワイトヘッドが自航式魚雷を開発した。世界各国の海軍がホワイトヘッドの魚雷に強い関心を示すなか、アメリカは見向きもしなかった。そんなアメリカすら注目するようなことが一八九一年に起こった。南米チリの内戦で、政府軍の水雷砲艦〈アルミランテ・リンチ〉が、ホワイトヘッドの魚雷で反乱軍の装甲艦〈ブランコ・エンカラーダ〉を撃沈したのだ。これで魚雷に兵器としての将来性があることが明らかになった。この件をきっかけとして、アメリカは最初の水雷艇破壊艦（のちの駆逐艦）を急いで発注した。その時点で、世界各国はとっくの昔に水雷艇破壊艦を導入していて、その総数は一〇〇〇隻近くに達していたのだが。そもそもアメリカ海軍が魚雷に興味を示さなかったのは、信頼性に欠け、長距離から敵艦を攻撃する場合に進路がそれてしまうからだった。圧縮空気を動力とするホワイトヘッドの魚雷は一キロメートル弱の射程があったが、その距離で標的を捉えつづけることは難しく、実際の有効射程は四〇〇メートルに届かなかった。四〇〇メートル以内と言えば、ほぼまちがいなく敵艦の砲火にさらされてしまう距離だ。一キロメートルであっても安全とは言い難い。この問題を解決したのが、オーストリアの海軍士官ルートヴィヒ・オブリーが一八九六年に開発した、魚雷用のジャイロスコープだ。このたったひとつの発明で魚雷は大進化を遂げ、信頼性の高い長距離攻撃兵器となった。それから半世紀近くを経たのちに、ジャイロスコープは弾道ミサイルの飛行安定にも大きな役割を果たすことになる。

アメリカ海軍に断られても、テスラは簡単にはあきらめなかった。彼はイギリスに渡り、無線操縦式ボートをアピールした。しかしここでも〝ノー〟を突きつけられた。テスラの技術は時代の先を行ったもので、アメリカとイギリスの両政府にはその真価がわからなかった。それでもテスラの発明は、世界各国の軍隊からそれなりに注目されていたのはまちがいない。一六年後に勃発した第一次世界大戦中に、同様の技術を応用した兵器が登場したのだから。たとえばドイツは、遠隔操縦式ボート〈シュプリングボート〉を実戦投入した。このボートは約一三〇キログラムの爆薬を搭載し、ケーブルを通じて遠隔操作するものだった。しかしこれはボートも操縦者も攻撃を受けやすい運用法だった。そこでドイツ軍はテスラの無線操縦技術を採用し、安全性の問題に対処した。イギリス軍は複葉機の〈ソッピースキャメル〉を無線操縦式にした〝空中魚雷〟〈ソッピースAT〉を配備した。アメリカ軍は〈ウィッカーシャム陸上魚雷〉をテストした。これは装甲を施したトラクターに数百キログラムの爆薬を載せ、敵の塹壕《ざんごう》に突入させる兵器だった。アメリカ軍は〈ケタリング・バグ〉と呼ばれる空中魚雷も開発した。これは爆薬を搭載し、あらかじめ設定しておいた飛行経路をたどって敵のいる場所で爆発する無人の小型飛行機だ。しかしアメリカがこうした軍事用ロボットを実戦配備するより先に大戦は終結してしまった。

一九三〇年代から四〇年代の前半にかけて、ソヴィエト連邦は〈テレタンク〉という史上初の無線遠隔操縦式の戦車を配備した。[80] 一九三九年一一月に始まったフィンランドとの〈冬戦争〉では、テレタンクで構成された二個戦車大隊が投入された。ロボット兵器の実戦投入は、ソ連以外の国はごく最近になるまでできなかった。[81] ソ連は無線誘導式のボート〈テレカッター〉と飛行機〈テレプレーン〉も開発した。こうしたロボット兵器が第二次世界大戦中に目覚ましい活躍を見せたかどうかははっきりしないが、ソ連のロボット技術は称賛に値すると言っていい。

ドイツもロボット兵器の開発に取り組んだ。[82] ドイツ国防軍は遠隔操縦式の無限軌道式自走地雷

〈ゴリアテ〉を実戦配備した。ゴリアテの使用目的は戦車などの軍用車両の撃破、歩兵集団の攪乱《かくらん》、橋などの建造物の破壊だった。ゴリアテも軍用ロボット技術が飛躍的に進化したことを示す例のひとつだが、無線式ではなく長さ六五〇メートルのケーブルが付いた有線式だった。一九四二年、国防軍はすべての前線にゴリアテを配備した。連合軍が上陸したノルマンディにも投入した。七五〇〇台以上が生産されたゴリアテだったが、ほとんど役に立たなかった。最高速度は時速一〇キロメートルに届かず、最低地上高も一二センチメートル以下。装甲も薄く、ケーブルの強度も小銃で撃たれた程度ですぐに切れてしまうほど弱かった。事実、ノルマンディに上陸してきた連合軍に対して投入されたゴリアテの大半が、敵の砲火で長いケーブルを切断されてしまった。

[83]それでもナチスドイツはロボット技術を使ったミサイルを使用し、ロンドンを恐怖に陥れた——一度目は現在の巡航ミサイルに似たV－1飛行爆弾で、二度目は弾道ミサイルのV－2ロケットで。V－1は八〇〇〇発以上がイギリスに向けて発射され、そのほとんどはロンドンを標的としたが、到達したものは二五〇〇発に満たなかった。エンジンに推力の弱いパルスジェットを使用していたので、巡航速度は時速約六〇〇キロメートルしかなく、しかも設定された飛行経路しか飛べなかったため、途中でイギリス軍の対空砲火の餌食になることが多かったのだ。しかし続くV－2は正真正銘の弾道ミサイルで、速度は音速の三倍に達し、標的に命中して爆発するまで目視することはできなかった。幸いなことに、V－2が実戦配備された時点で戦争はほぼ終わりかけていた。一〇〇〇発ほど発射したのちに、発射基地は連合軍によって破壊された。

[84]アメリカ軍の無人航空機の運用は、一九四〇年に〈ラジオプレーン・カンパニー〉社から五三機

の無線誘導小型飛行機を購入したときに始まった。同社は、第一次世界大戦中はイギリス軍のパイロットを務めた映画俳優レジナルド・デニーが立ち上げた。前年に勃発した第二次世界大戦の脅威がアメリカを包みつつあった。デニーは〈デニーマイト〉という六馬力のエンジンを搭載した翼長三・六メートルの無線誘導小型飛行機を、対空砲火訓練の標的機として陸軍に売り込んだ（翌四一年の日本海軍による真珠湾奇襲で大戦に参戦すると、陸軍は一万五〇〇〇基近くのデニーマイトエンジンを購入し、ＯＱ－１標的機に使用した）。[85] 一九四四年、陸軍と海軍は、大量の爆薬を搭載した無人の大型爆撃機を防御が強固な敵の施設に体当たりさせるという〈アフロディーテ作戦〉に着手した。この作戦ではパイロットと航空機関士が爆撃機に乗って水平飛行になるまで操縦し、その後パイロットたちはパラシュートで脱出して、同行する僚機から無線操縦するというものだった。実際の任務では爆撃機にＴＮＴ爆薬より強力なトーペックス爆薬を一〇トン搭載して敢行された。しかしトーペックスは不安定な爆薬なので飛行中に爆発することもあり、パイロットたちが死亡するという事故が起き、計画は中止を余儀なくされた。[86] アフロディーテ作戦以上の成功を収めたのは、四五〇キログラムの爆薬を充塡した誘導式爆弾ＶＢ－１〈アゾン〉だった。〈アゾン〉はヨーロッパと太平洋戦域のビルマで戦果を挙げた。

第一次世界大戦と第二次世界大戦のロボット兵器はめぼしい成果を挙げられなかった。それでも時には恐怖と深刻な破壊をもたらし、人命すら奪うこともあった。軍事史の観点から見れば、これらの兵器は軍事用ロボットの基礎を築いたと言える。

第二次世界大戦が終結すると、遠隔操縦式兵器の開発速度はさらに遅くなった。が、大戦後に新設されたアメリカ空軍は無人航空機に脅威を感じていた。国防総省はそうした兵器の開発を陸軍と海軍に任せたが、大きな成果はたったふたつだった。[87]ひとつ目は、〈ライアン航空機〉社が製造した無人偵察機で、東南アジアで一九六二年から一九七五年にかけて三四三五回の任務をこなした。[88]ふたつ目はロッキード社が一九七九年に開発した、プロペラ推進の小型無人偵察機ＭＱＭ－１０５アクイラだ。しかしその開発費用は当初の予算の倍の五億ドルにのぼり、たった数機の試作機を残して一九八七年に計画は中止となった。

[89]一九九一年の湾岸戦争では、アメリカ軍はイスラエルと共同開発した無人航空機ＲＱ－２パイオニアを投入したが、大した役割は与えなかった。一番目立った活躍は、艦砲射撃の標的確認に飛来したパイオニアに、イラク兵が降伏してきたことだ。人間がロボットに降伏した最初のケースだと言われている。

一九九五年、無人航空機《UAV》――いわゆるドローン――は全地球測位システム《GPS》と合体し、より精度の高い偵察と標的特定の任務をこなせるようになった。ＧＰＳの搭載は一大変革であり、近代戦はドローン時代へと突入していった。[90]一九九九年、アメリカ軍はコソヴォ紛争でセルビア軍に対する北大西洋条約機構《NATO》の航空偵察任務にゼネラル・アトミックス社製のＲＱ－１プレデターとノースロップ・グラマン社製のＲＱ－４グローバルホークを使用し、成果を挙げた。二〇〇三年、アメリカを中心とする有志連合軍がイラクに侵攻した。侵攻の大義名分だった大量破壊兵器はひとつも発見できなかったが、アメリカは中東地域での軍事的プレゼンスを保ちつづけ、軍事用ロボットシステムの運用を大きく拡大させていった。

国防高等研究計画局（DARPA）のマイクロドローン

[91]アメリカ軍は二〇〇三年に〈自律移動ロボット・ソフトウエア《MARS》〉プロジェクトをスタートさせ、自律型ロボットシステムの開発を続けている。[92]二〇〇五年には、自律飛行する無人ヘリコプターに遠隔操作式の狙撃銃を搭載するシステムの開発に陸軍が着手した。アメリカが進行させている自律型兵器の開発プログラムは、着実に実を結びつつあるようだ。[93]二〇一四年には、海軍は無人水上艇《USV》の技術開発に突破口を見いだしたとするプレスリリースを出した。海軍によれば、「海軍の艦船を護衛するだけでなく、敵艦船に対して自律的に〝スウォーム攻撃〟を加えることが初めて可能となった」という。海軍は、攻撃用の自律型攻撃艇の配備を二〇一七年から開始する予定だ。

　自律型兵器を開発しているのはアメリカだけではない。[94]軍事問題関連メディア〈ディフェンス・ワン〉はこう報じている。「二〇一四年三月、ロシア戦略ミサイル軍は武装哨戒ロボットを、五カ所のミサイル発射基地の周囲に配備すると発表した。このロボットは人間の指示を受けずに標的を識別・攻撃するものだ」[95]ロバート・ワーク国防副長官によれば、二〇一五年にロシアと中国が自律型軍事ロボットシステム開発に投じた資金は相当なものだという。副長官はロシア軍参謀総長ワレリー・ゲラシモフの言葉を引き合いに出している。「近い将来、完全にロボット化された部隊が編制可能となり、軍事行動を自律的に遂行できるようになるだろう」

　近年、軍用ロボットに新たな試みが見られるようになった——小型化である。[96]たとえば、アメリカ軍は前ページの写真のような鳥サイズのものや、昆虫サイズの新世代偵察用ドローンの開発を続けている。

　[97]二〇一六年二月二日、国防高等研究計画局《DARPA》は高速飛行が可能で軽量な自律型UAV用のアルゴリズムを開発する〈FLAプロジェクト〉で、実験機の初飛行に成功したと発表した。「センサーを搭載し、四つの回転翼を持つドローンが、雑然とものが置かれた倉庫内を飛行した。ドローンは目標速度の秒速二〇メートルを維持しつつ、障害物を回避しながら進んだ」DARPAが、FLAプロジェクトで得た技術を超小型のマイクロドローンに応用しようと画策しているのはほぼまちがいない。鳥もしくは昆虫ぐらいの大きさの自律型マイクロドローンがあれば、建物内に潜入させて偵察をおこなうことができるし、攻撃もできるかもしれない。〝こっそり監視する〟という言葉は、新しい意味を持つようになるだろう。DARPAによれば、「有人と無人のプラットフォームを、さまざまなかたちに組み合わせたものをひとつのシステムとして統合し、オペレーターはより高いレベルの監督指示を行う」ことになるという。ここで言う〝さまざまなかたちに組み合わせたもの〟はスウォーム攻撃を匂わせるものがある。スウォーム攻撃については次章で述べる。

軍事技術開発についての報道があっても、それは古いニュースである可能性が高い。軍というものは、つねに一歩先の最先端技術に取り組んでいるからだ。だからマイクロドローン開発の情報を公開したということは、ＤＡＲＰＡはすでにナノサイズのドローンやロボットの開発に着手している可能性が高いと思われる。想像力をたくましくし過ぎていると思われるかもしれないが、これは公開されている研究成果から導き出した推測だ。たとえば[98]、二〇一四年一二月一六日、陸軍研究所《ISN》は重量が一グラムにも満たない〝ハエ型ドローン〟を製作したと発表した。陸軍がハエぐらいのサイズのドローンを配備できるようになるまでは、あと一〇年か二〇年はかかるということだが、医療用ナノボットの進化を見るかぎり、もっと早く実現しそうだ。

　軍事用ナノボットを現実のものにする技術は、例によって例のごとく機密扱いになっている。しかし医療用ナノボットはそうではない。最先端の医療用ナノボットについて詳しく調べると、軍事用ナノボットのこともおのずとわかってくるはずだ。というわけで、ここでナノボットに関する医療界のニュースを見てみよう。

1 [99]二〇一五年五月一五日、ファイザー社はイスラエルのバル＝イラン大学のロボット研究所の所長イド・バチェレ博士と〈ＤＮＡナノボット〉の共同開発をおこなうと発表した。

2 [100]バチェレ博士は革新的なＤＮＡ分子を生成する技術を開発した。このＤＮＡ分子は〝プログラミング可能〟な側面があり、体内の特定の場所に達すると、人体からの刺激に反応して、あらかじめプログラミングされた作業をおこなう。ここで言うプログラミングには、がん細胞を探知して抗がん剤を直接投与し、健全な細胞に影響を与えないようにすることも含まれる。[101]ニュースサイト〈３ｔａｇｓ．ｏｒｇ〉によれば、このＤＮＡナノボットは二枚貝のような形状の一本鎖ＤＮＡを生成し、抗がん剤を挟んでターゲットとしてプログラミングされた細胞まで運ぶのだという。「ＤＮＡナノボットの最初の臨床試験は今年中におこなわれるだろう―今この瞬間にもおこなわれているかもしれない。被験者は白血病の末期患者だ。その患者は死を宣告されているが、それに先立つ動物実験の結果を見るかぎり、ナノボットは一カ月のうちにがん細胞を除去することができるはずだとバチェレ博士は確信している。この臨床試験が成功すれば、研究結果は一年から五年のうちに公開されるだろう」ここで言う〝今年〟とは二〇一六年のことだが、続報はまだ出ていない。その理由はいくつか考えられる―そもそも臨床試験は実施されなかったのかもしれない。実施されたが失敗したのかもしれない。ひょっとしたらファイザー社は、世間の注目を浴びることなく研究を続行するため、もしくはライバル社の監視の眼をさけるために沈黙しているのかもしれない。

ＤＮＡナノボットを開発しているのはファイザー社とバチェレ博士だけではない。[102]二〇一二年に〈スミソニアン・アメリカン・インジェニュイティ・ユースアワード〉を受賞した科学界の神童ジャック・アンドレイカも、がん細胞を倒すことができるナノボットを酸化鉄ナノ粒子から生成している。アンドレイカは、ビーカーの中でつくったナノ粒子を使ってプログラミングされたＤＮＡ分子を生成し、それを人工知能化することに成功した。「DNAはDNA配列を持ってきてくれるんだ。どの配列が必要なのか伝えてきたら持ってきてくれて、それを僕がつくったナノボットに載せればいいんだ」と、アンドレイカ青年はさらりと言ってのける。科学の天才なのだから、たぶん彼にとっては簡単なことなのだろう。

ある医療研究者たちは、別のアプローチを用いて細胞レベルでがんを治そうと試みている。簡単に説明しよう。まず患者のT細胞の一部を取り出す。T細胞とは胸腺で生成されるリンパ球の一種で、人間の免疫系で役割を果たしている。摘出したT細胞を遺伝子療法を使って変化させ、がん細胞のたんぱく質を認識できるようにする。改変したT細胞は患者の体内に戻す。T細胞は血流に乗ってがん細胞に到達し、通常の構造に戻るように作用する。修復不可能なほど変異していた場合は自滅するように作用する。二〇一三年の研究報告では、臨床試験を行った一六名の末期がん患者のうち一四名に症状の緩和が見られたという。驚くべき成果だ。がん細胞を治癒するようにプログラムされたT細胞をナノボットと見なすかどうかは意見が分かれるところだ。判断は皆さんにお任せする。それでもこの研究成果は注目に値すると思う。細胞レベルで病気と闘う療法が有効であることを示しているからだ。

現時点での研究を見るかぎり、五年以内にナノ医療の分野で技術革新が起こり、がんを含めたさまざまな疾病の治療が可能になると思われる。DARPAの研究が結実すれば、私たちが次に直面する"大きな"戦いは、マイクロドローンとナノドローンという"小さな"兵器に関わるものになるかもしれない。私には、どちらもまちがいなく現実のものになると思える。マイクロドローンは

121　5章　超小型ロボット・ナノボットの登場

実用化の一歩手前にあり、実地テストもすでに実施されているのかもしれない。ナノドローンも一〇年以内にそのあとに続くと思われる。しかしマイクロドローンとナノドローンの自律化には困難が伴う。その極小のボディの中にすべての処理能力を詰め込まなければならないからだ。しかし急速な進化を続けるナノ電子機器とDNAプログラミングの技術が、実現に期待を持たせてくれる。

もはやナノボットはサイエンス・フィクションではなくサイエンス・ファクトなのだ。

マイクロドローンとナノドローンは、軍事面ではどのような能力が期待できるだろうか？ 偵察能力はまちがいないだろう。攻撃能力も望まれている。たとえば、鳥サイズのドローンを敵司令部に突っ込ませて爆発させるという手段も考えられる。殺戮任務への使用もありうる。特定の遺伝的特徴を持つ人間にのみ反応するようにプログラミングしたDNAナノボットに毒物を持たせ、それをマイクロドローンとナノドローンを使って注入するのだ。人種もしくは民族全体を対象とする作戦には絶大な効果を発揮するだろう。

遺伝的特徴を特定する技術はすでにある。遺伝子検査キットならば一〇〇ドル以内で手に入れることができる。軍事利用としては、あるテロリストのDNAサンプルを入手して、先ほど述べたようなDNAナノボットを搭載したマイクロドローンもしくはナノドローンを放ち、そのテロリストのみを掃討するという戦術も考えられる。人間のDNA配列のなかには、特定の地域でとくに多く見られるものもあれば、特定の家族にのみ特徴的に見られるものもある。特定の人物もしくは特定の人々、さらに言えばその血統につらなる人々全員を抹殺することも可能なのだ。

〈Ancestry．com〉[104]のようなサービスもあるし、遺伝子検査をおこなう

122

序章で、ナノ兵器はコントロールが難しいと述べた。数人の特定の人物を殺害するようにDNAプログラミングされた〝殺人ナノボット〟を軍が放つというシナリオを想像してみてほしい。そのDNAプログラミングにエラーが生じたとしたらどうだろう？　たとえば、軍は一〇〇〇万体の殺人ナノボットを放出したが、特定のDNAを標的とするプログラムが正常に機能せず、ナノボットは接触した人間全員を殺してしまう。たった数人を殺害するために、どうして殺人ナノボットを一〇〇〇万体もばらまく必要があるのかと思われるかもしれない。ターゲットたちは広範なエリアに散らばっている可能性があることが理由のひとつだ。特定のDNAを持つ数人以外には無害な存在だと軍が考えているのであれば、大量の殺人ナノボットを拡散させるのももっともな話だ。しかし予期せぬエラーはプログラミングにつきものだ。そしてDNAのプログラミングはコンピューターのそれと似ている。複雑な二重らせんの構造を持つDNAがプログラムエラーを起こす可能性はきわめて高いと思われる。接触した人間全員をエラーで殺害してしまうというこのシナリオでは、一〇〇〇万体の殺人ナノボットは大量殺戮兵器となる。

この先、ナノボットは特定の機能を果たす構造を持つ、複雑な分子に進化するかもしれない。化学反応で生成した分子にプログラミングされたDNAを組み込むことで人工知能化することも考えられる。ここまでくると、ナノ兵器は製薬企業が生産するようになるだろう。同じ工場内で、がんを治療する医療用ナノボットの生産ラインと殺人ナノボットの生産ラインが並んでいる、なんていうことになるかもしれない。そしてその生産設備自体も卓上に置けるほど小さくなるかもしれない。それはつまり、自国内だけでなく敵国内でもそうなれば搬送も簡単で、しかも探知は難しくなる。

ナノボットを秘密裏に生産し、そこから攻撃を仕掛けることが可能になるかもしれないということだ。未来の軍事大国になるには、攻撃用ナノボットを大量に供給できる産業インフラが必要になるだろう。たとえば、敵国の最大最強の兵器群を攻撃したければ、鋼鉄を腐食させる物質を搭載するナノボットを開発すればいい。この場合、十億個から一兆個単位のナノボットが必要となる。大量のナノボットは〈スウォーミング〉という生物界の戦術を借用し、空母のような大型兵器に襲いかかるのだ。

6章　群れになって襲いかかる

ナノ兵器は最小の兵器だが、母なる自然が用いる戦術を真似ることで巨大な兵器を撃破することができる。その戦術とは〈スウォーミング〉、つまり群れをなして襲いかかることだ。大抵のアリとハチは、一匹だと弱くて害のない存在だ。しかし軍隊アリや〝キラービー〟と呼ばれるアフリカミツバチは、獲物にスウォーミングする。人間を含めた大型の動物は、このアリとハチを避ける。[105]スウォーミングは、ほぼすべての生命体にとって効果的な戦術だ。群れをつくると、小さな生物でも大きな生物に立ち向かうことができるからだ。アリやハチは全種類が群れをつくる習性を持ち、集団で獲物に襲いかかる。シロアリは家屋にスウォーミングし、木造部分を食べる。トンボやチョウ、ガ、そして甲虫類は群れをなして飛行する。イナゴの大群は数百平方キロメートルの農地を覆い尽くし、一〇万トンもの農作物をたった一日で食い尽くすこともある。群れをつくって移動する鳥類は一八〇〇種類ほどいる。魚類でも、ピラニアのように群れで獲物を襲うものもいる。マグロやニシン、イワシなどは群れをつくることで捕食動物から身を守り、餌と交尾する相手を見つける確率を上げている。原初の人類も家族や仲間を形成し、集団で大型の獲物を見つけて狩っていた。時代が進むと、全員で利益を共有するために共同作業をするようになり、そこから文明が生まれた。

群れとしてまとまることは、まぎれもなく自然のなかで最も役立つ戦術のひとつなのだ。

小さな生き物が大量に襲ってきても、そんなものは恐れるに足りないと思われるかもしれない。

しかし一九一八年のスペイン風邪の大流行の実態を見れば、その脅威が一発でわかるはずだ。スペイン風邪はＨ１Ｎ１亜型インフルエンザウイルスが引き起こした。ウイルスは最小の生命体で、スウォーミングで宿主の健康な細胞に害を与える。一九一八年の大流行では五億人が感染し、一説によれば当時の世界人口の五パーセントにあたる一億人が死亡したとされる。ウイルスはナノボットではないが、サイズ的にはナノ粒子と同じだ。Ｈ１Ｎ１亜型は直径八〇〜一二〇ナノメートルの球形で、細胞レベルの攻撃を行う。そしてナノボットもスウォーミング戦術を使って大きな標的を無力化することができる。攻撃を成功させるためには、ナノボットの知能レベルを軍隊アリ程度にまでアップさせなければならない。簡単な例を挙げて説明しよう。

兵器レベルの放射性物質を探知して無力化することができるナノボットがあるとしよう。たった一体では、核物質の原子を数個程度破壊できる力しかない。しかしそれが一〇億から一兆単位の数にまとまって攻撃すると、一国が保有するすべての核兵器を無力化することができる。実はそのナノボットは、ハチの群れを真似るようにプログラミングされている――ハチは、花粉や花蜜を出す花を感知することができる。花の色や花びらの形状、香り、そして花の電場で認識するのだ。最近の研究で、マルハナバチは花の電場を感知することがわかっている。こうした能力を駆使して、ハチは花の種類を識別しているのだ。しかも、ほかのハチが少しまえにその花に来たかどうかも知ることができる。花が咲いている場所を探すとき、まず偵察ハチが送り込まれる。花を見つけたら、

126

偵察ハチは巣に向かって信号を送る。飛んできた経路に花の香油で印をつけるハチもいれば、仲間を連れてくるハチもいる。ミツバチはダンスで複雑なコミュニケーションをおこない、巣に情報を伝える。ナノボットも同様の手段を使うことができる。偵察ナノボットが核物質を見つけると、シグナルを発する。サイズから考えればシグナルはごく微弱なもので、一番近いところにいるナノボットにやっと届く程度だろう。ここからはアメリカ軍の〈歩哨心得十一カ条〉の第四条に似たやり方で、群れ全体にシグナルを伝えている。その第四条とは「自分の持ち場より遠い位置にいる歩哨から受けた連絡は、すべて繰り返し送信する」だ。こうやって一体ずつシグナルが伝えられ、数秒のうちにすべてのナノボットが核物質の位置を知ることになる。あとは核物質を崩壊させる原子レベルの物質を放出するだけでいい。やがて放射性の塵の山ができあがり、核ミサイルは兵器として[108]は役立たずになる。一兆体のナノボットからなる群れが、それこそ数え切れないほど襲ってきたらどうなるだろうか。おそらく数時間も経たないうちに地上配備型の核兵器は無力化されてしまうだろう。

ナノボットの攻撃を受けても、ミサイルを管理している軍人たちはミサイル基地が機能不全に陥っていることしか知りようがない。その情報は上官に伝えられ、指揮系統の階段をどんどん上がっていく。そして最高司令官に達する頃には手のつけられない状態になってしまう。あとは核ミサイル搭載潜水艦に警報を出すしかない。しかし潜水艦が作戦行動に移っても、攻撃してきた相手の正体は杳（よう）として知れない。いったいどの国を攻撃すればいいのだろう？

しかし、ナノボットはどうやって核ミサイルの弾頭の内部に入り込むのだろうか？　もちろん核

127　6章　群れになって襲いかかる

ミサイルはサイロ内に格納されていて、発射口は核攻撃にも耐え得る、硬化された防爆扉で塞がれている。

弾頭内の核物質も気密容器に格納されている。それでも手掛かりはある。古代ギリシャの哲学者・科学者であるアリストテレスは〈自然は真空を嫌う〉という格言を残している。ある物質内に真空があったとしても、最終的にはその空間は埋まってしまうということだ。私は薄い膜を扱う技術者だったが、その経験からアリストテレスの格言は正しいと断言できる。薄い膜を吸着させるとき、真空を用いる。その真空を保つことが難しいのだ。つねに真空ポンプを動かして、きわめて小さな漏れ口に対処しなければならない。あえて言うならば、"気密状態"にあるということは必ずしも小さな漏れ口であるとはかぎらないのだ。人工的につくりだした真空空間には必ず漏れ口がある。たぶんヘリウム漏れ検出器でも使わなければ見つけることのできない、小さな小さな穴が空いているものなのだ。ヘリウム分子は酸素分子よりも小さいから、極小の穴を通り抜けることができる。そうやって漏れ出たヘリウムを感知して穴の位置を特定するのだ。ナノテク技術者たちが酸素分子よりも小さなナノボットを開発し、気密容器の極小の漏れ口から入り込めるようにすることは大いに考えられる。そうしたナノボットはおそらくDNA分子のように棒状で、直径は二ナノメートル、長さは三ナノメートル[iii]しかない。このナノボットが核物質を発見すると、群れ全体に位置を知らせる。核物質を格納する気密容器の漏れ口がナノサイズの穴であっても、偵察ナノボットもそのあとに続くナノボットの群れも侵入することができる。

ウイルスのように風に運ばれるか、それともヘビのように地上を這ってくるかもしれない。偵察ナ

128

大きな構造物を破壊するには、信じられないほど大量のナノボットが必要だ。先ほど、複雑な構造体の例として直径二ナノメートル、全長三ナノメートルのＤＮＡ分子を挙げた。母なる自然がそんなものを創造したのだとしたら、ゆくゆくは人間の手でも生成できるようになるかもしれない。あり得ない話ではない。

前章でがん治療現場での技術革新について触れたが、挙げた三つの事例は、[110]どれも医療用ナノボットがスウォーミングでがんを倒すというもので、そのうちふたつはＤＮＡ分子に手を加えて人工知能化している。つまりナノテクノロジーと生物学の融合だ。この技術が軍事分野で応用され、有機組織と無機物を区別して認識する兵器用ナノボットが開発されても不思議ではない。特定の無機物を標的とすることなど、化学組成を分析することに比べたら簡単だ。兵器用ナノボットは、あらかじめプログラミングされた標的を探すだけでいい。標的が放射性物質の場合、標的が発する電離放射線を探知するというやり方が考えられる。これはガイガーカウンターの仕組みに似ている。しかしナノボットが放射性物質を攻撃する場合、このケース特有の問題が生じる。放射性物質は放射性粒子とガンマ線を放出するのだが、これがミサイルのようにナノボットを直撃し、破壊してしまうという事態が考えられる。だから膨大な数の力で攻撃せざるを得ないのだ。放射性物質の〝迎撃〟に打ち勝って任務を成功させるためには、大きな損害が出ることを覚悟して〝スウォーム攻撃〟を仕掛けるしかない。

地上配備型核兵器の無力化は壊滅的な打撃となるだろうが、アメリカとロシア、中国などの国々は核ミサイルを搭載する潜水艦を保有している。つまり核報復の脅威はなくならないということだ。

別のナノボットの攻撃で大量の敵国民と指導者たちを失ったとしても、核を使って攻撃源と思われる国に報復し、放射性の灰燼に帰することができる。当然、この戦いに勝者はいない。勝利を収めるには敵国の報復能力を根絶やしにしなければならないが、それがとてつもなく難しい。その理由を考えてみよう。

東西冷戦の絶頂期、アメリカは大陸間弾道ミサイル、弾道ミサイル搭載潜水艦、核爆弾と巡航ミサイルを搭載する戦略爆撃機からなる〈三元戦略核戦力〉を保有していた。現在、大陸間弾道ミサイルと弾道ミサイル搭載潜水艦を保有しているのはアメリカとロシア、中国だ。だからたとえナノ兵器を使ってこの三国を攻撃しても、完全な勝利を収めることはできない。相互確証破壊の原則はまだ生きているからだ。しかしテロ組織やならず者国家が監視の目をかいくぐってナノ兵器による攻撃を仕掛けたり、もしくは核保有国同士の戦争が攻撃源の探知が難しい。つまりナノ兵核ミサイルを使う攻撃とはちがって、ナノ兵器による攻撃は攻撃源の探知が難しい。つまりナノ兵器時代に突入すると、世界は核時代よりもさらに大きな危険にさらされてしまうということだ。

大型兵器を破壊できる力を持つナノボットを、すでにどこかの国が開発して保有しているのだろうか？　答えは〝条件付きのイエス〟だ。Ⅲイスラエルのバル＝イラン大学の生命科学学部とナノテクノロジー・先端素材研究所は、二〇一四年に『生体内のDNA折り紙ロボットによるユニバーサルコンピューティング』と題する論文を発表した。その要約によれば――

〈DNA折り紙法〉を使えば、生体内でダイナミックに相互作用する能力のあるナノサイズのロボットを組み立てることができることを、ここに示そう。この相互作用は論理出力回路を構成し、その出力状態によって分子の機能部分のオン／オフを切り替えることができる。この原理を証明するため、このシステムに基づいて、さまざまな論理演算回路をエミュレートするアーキテクチャの構築を図る。

バル＝イラン大学の研究者たちは、相互に作用してセンサーなどの機能をこなすロボットを実際につくった。彼らが論文で論じているのはナノサイズのロボットの生体内での挙動だが、生体外での挙動についても概念実証をおこなっている。私たちのシナリオに近いのはそっちのほうだ。相互作用する能力があるということは、しかるべくプログラミングすれば、群れをつくって情報のやり取りをすることも可能だということになる。相互作用で〝論理出力回路を構成し、その出力状態によって分子の機能部分のオン／オフを切り替えることができる〟のであれば、その機能部分が特定の構造物に被害を与える物質の放出であってもいい。興味深いことに、この論文では〈DNAコンピューティング〉と〈DNAマシン〉というふたつの言葉を使っている。それはつまり、この研究は幅広く応用できることを、論文の執筆者たちは自覚していることを示している。

兵器用ナノボットをすでに保有している国はあるのかという問いに対して〝条件付きのイエス〟と答えたのは、イスラエルの研究者たちの目的はがんなどの疾病を治療するナノ医療技術の開発であって、ナノ兵器の開発ではないからだ。しかし過去を振り返ってみれば、民生用や医療用の技術が軍事転用された例は数多くある。ナノボットを兵器にする場合、ふたつの大きな課題に直面することになる。

1　生体外は風や雨、埃《ほこり》、そして汚染物質などに満ちた、ナノボットにとっては過酷な環境になっている。果たしてそんな環境でうまく作動するのか？

2　大きな構造体を分子レベルで破壊するといった、望みどおりの機能を果たす物質を開発することは可能なのか？

このふたつはナノボットの兵器化に立ちはだかる大きな障害だ。しかし母なる自然が生み出したウイルスはその障害を乗り越えている。[112] たとえば、一部のインフルエンザウイルスは、本やドアノブなどの表面に付着したまま八時間も生きながらえることができる。ナノテク研究者たちが自然を真似て、ウイルス並みか、さらに頑強なナノボットを開発する可能性は十分にある。

アメリカや中国のような一部の国は、すでにこの問題に取り組んでいるはずだ。しかし解決にどれほど近づいているのかはほとんどわかっていない。この問題については、ナノ医療のほうがナノ兵器に先んじているように思える。ナノボットを兵器にするためには、実世界でよく見られる状況でちゃんと作動するようにしなければならない。さらに言えば、コントロールが可能で、任務遂行が可能な知能も必要だ。ナノサイズの有機体は生体外で生き延びることができるかという点については、母なる自然がヒントを与えてくれている。最終的にナノテク研究者たちはこの問題を克服することができるようになるだろう。コントロールの問題は活動範囲と燃料を制限すれば解決する。

まだまだ原始的な第一世代のナノボットなら、作戦を実施するエリア内で活動できるだけの燃料を与えてやれば問題ないはずだ。生物のように自己増殖する必要も燃料（栄養）を補給する必要もない。燃料が切れたら機能を停止するだけだ。大きな課題は知能だ。生体外で活動させる問題については、DNAが完全な答えを出してくれるとは思えない。人工の構造体は原子と分子で構成されていて、識別が簡単なDNAも細胞もない。つまり人工の構造体を攻撃目標とする場合は、原子と分子を識別する、より高度な知能が必要となる。携行型ロケットランチャーと野球のバットは形状的には何となく似ているが、人間はそれぞれの化学組成を分析しなくても両者を識別することができる。そのレベルの知能を搭載することができれば、標的の設定も簡単になるだろう。そんな人工知能を開発することができるだろうか？

133　6章　群れになって襲いかかる

第2部

大変革

7章　スマートナノ兵器

作業内容がある程度はっきりしていて、パターンも決まっている中程度のスキルの仕事は、急速に消滅しつつある。そういった仕事は、ソフトウエアであれ本物のロボットであれ、人工知能にやらせればもっと簡単にやってのける。

エリック・ブリニョルフソン
（マ《M》サチューセ《I》ッツ工科《T》大学教授）

多くの人々が〝スマート〟フォンを使って電話をかけたり映画を観たりしている。スマートフォンと比べると、『スター・トレック』に出てくる通信機なんか原始時代の道具のように思えてしまう。私のｉＰｈｏｎｅにもさまざまなアプリがインストールされている。スクリーン画面上のアイコンにタッチすれば、明日の天気も野球の試合結果も調べることができるし、インスタントメッセージを送ることもできる。スマートフォンでできることは、それこそ山ほどある。そんなことができるｉＰｈｏｎｅは、どうして賢い《スマートな》のだろうか？　それは人工知能を搭載しているからだ。つまり〝スマート〟とは、人工知能を搭載しているということなのだ。皆さんが使っているスマートフォンには、ＮＡＳＡが月にふたりの人間を送り込んだときに使ったコンピューターより優れた計算能力を持つ人工知能が使われている。

皆さんはお気づきだろうか？　軍の発表内容と企業の自社製品の宣伝文句に〝人工知能〟という言葉がめったに出てこないことを……その代わりに、軍も企業も〝スマート〟という言葉を使う。軍は〝スマート爆弾〟、企業なら電話から電子オーブンレンジに至るまで、いろんな製品を〝スマート○○〟と呼んでいる。勝手に駐車してくれる自動車、ボタンひとつでいろんな料理をつくってくれる電子オーブンレンジ、天候に応じて室内の温度と湿度を調節してくれるサーモスタットなど、スマートの四文字を冠した製品がさまざまに出まわっている。そうした製品に〝人工知能〟という言葉がほとんど使われないのは、私たち消費者はだいたいにおいてテクノロジーのことなんかどうでもいいと思っていて、機能にばかり注目しているからだ。たとえば、〝自動駐車機能付きの車〟とは言うが、〝人工知能を搭載した車〟とは言わない。それがどんな車なのかわかる人は少ないだろう。製品に人工知能《ＡＩ》を搭載することである機能が追加されると、その機能を可能にしたテクノロジーではなく機能そのもので製品は修飾される。グーグル社が〈自動運転車〉を開発しているというニュースを見たことはあるとは思うが、やはりここでも自動運転を可能にしたテクノロジーであるＡＩではなく自動運転という機能で表現されている——と、ここまでＡＩの応用例をいろいろ見てきたが、ＡＩとはどのようなものなのだろうか？

スマートフォンやその他のスマート製品のような、コンピューターを搭載する驚異のハイテク製品は、たったひとつのマイクロプロセッサーで特定のプログラムを実行し、その製品の機能を果たす指示を出している。プログラムは機能ごとに異なる。そして同じ機能でも、メーカーによってプログラミングのアプローチは異なる。同様に、ＡＩにタスクを実行させる場合でも、研究者たちはそれぞれ異なるアプローチを使うことができる。実際のところ、ＡＩ研究には総合的な側面があって、製品のＡＩ化は研究者の考え方や経験に拠るところが大きい。製品が特定の機能を果たせるようにするＡＩのことを〈知的エージェント〉という。ＡＩ関連の専門書の多くは、ＡＩ研究とは知的エージェントの研究とデザインのことだと定義している。たとえばスマートフォンのチェスゲームで遊ぶとき、対戦相手はマイクロプロセッサー上で動く知的エージェントだ。この知的エージェントはプロのチェスプレーヤー並みの腕を持ち、相手の手に応えて駒を動かすことができるようにプログラミングされている。

　ＡＩ応用技術はコンピューターとソフトウエア・プログラムで成り立っている。ＡＩ搭載機の知能レベルは、使用しているコンピューターの処理能力とプログラムの性能で決まる。[113]現在のところ、人間の脳並みの処理能力を持つコンピューターは存在しないが、中国のスーパーコンピューター〈天河二号〉はかなり近いところまで来ている。脳の処理能力を測る場合、絶対的な基準などは存在しないので、コンピューターがどれほど人間の脳に近づいているのかはわからない。それにたとえ〈天河二号〉に人間レベルの処理能力があるとしても、それだけで人間並みの知能を持っているとは言えない。人間のように考えることができるようにするソフトウエアがないからだ。人間のように考えることができるＡＩは、知的エージェントではなく〈汎用ＡＩ〉と呼ばれるようになるだろう。

　ここでこんな疑問が浮かんでくるのではないだろうか——汎用ＡＩに人間並みの知能があること

を、どうやって確認すればいい？ まさしくそれを調べるテストを、数学者でコンピューター科学者のアラン・チューリングが一九五〇年に考えた。[114] 映画『イミテーション・ゲーム』を観て、アラン・チューリングがナチスドイツのエニグマ暗号を解読した科学者のことだと知った人も多いだろう。彼の考案した〈チューリング・テスト〉は、機械に人間と同等の知能があることを確認する、一番簡単なテストとしてAI研究の現場で広く用いられている。テストの流れは次のとおりだ。同じ部屋のなかにひとりの人間と一台のコンピューターがある。その人間がキーボードを使ってコンピューターに質問したり話しかけたりする。コンピューターは質問に答えたり会話に応えたりする。そのやりとりを別室の画面上で見ている第三者が、会話のどの部分が人間によるもので、どの部分がコンピューターが話しているのか区別できなかったら、そのコンピューターはチューリング・テストに合格して汎用AIを持っているとみなされる。ここで留意しておかなければならないのは、人間の質問に対するコンピューターの回答は正しいものである必要はないということだ。人間は、あらゆる質問に回答を見いだすことができるわけではない。それと同じように、コンピューターもすべての質問に対する答えを知っている必要はない。肝心なのは、コンピューターが人間と同じような受け答えをすることなのだ。

今のところ、チューリング・テストをパスしたコンピューターおよびプログラムはひとつもないが、合格の一歩手前まで来たものならいくつかある。[115] なかでも有名なのが、プリンストン大学、サンクトペテルブルク大学、キエフ大学のプログラマーたちが二〇〇一年に構築したソフトウエア・プログラム〈ユージーン・グーツマン〉だ。二〇一四年、チューリングの没後六〇年を記念したイギリス王立協会主催のコンテストで、三〇人の審査員がグーツマン・プログラムと、ひとりの人間と自由に会話した。その結果、一〇人がグーツマンを人間だと判定した。しかしこのテストは納得のいくものではなかったと私は思っている。制約がいくつかあったからだ。審査員たちは、〈ユージーン・グーツマン〉はウクライナ在住の一三歳の少年だと信じ込まされていた。だから受け答えのなかにおかしなものや単純すぎるものがあっても、それはグーツマン少年の年齢と国籍のせいだと考えるように仕向けられていたのだ。このテスト結果をどう見るかについては、さまざまな論争が起こっている。

　では、ＡＩが人間の知能と同等になるのはいつだろう？[116] ＡＩ研究の現場では、ほぼ全員が二〇二五年から三〇年のあいだに実現しそうだと予測している。どうしてそう言えるのだろう？ ＡＩの現時点での性能を分析し、そこに〈ムーアの法則〉を当てはめた結果、この答えが導き出されたのだ。[117] ムーアの法則とは、インテル社の創業者のひとり、ゴードン・ムーアが一九六五年に予測した法則で、「集積回路上のトランジスタ数は二年で倍になる」というものだ。つまり、新型の集積回路に組み込まれたトランジスタ素子の数は旧型のものの倍だが、コストは同じだということだ。そこにムーアの仲間が新たな考察を付けくわえた——ムーアの説が正しければ、コンピューターの処理能力も二年で倍になる。この考えは、集積回路は小さくなればなるほど処理速度が速くなることを考慮に入れたものだ。つまりムーアの法則を使えば、コンピューターとソフトウエアからなるＡＩが人間並みの知能を持つようになる時期を予測できるということだ。しかし、話はそんなに単純なものではない。研究者たちの大多数は、ムーアの法則はコンピューターというハードウエアにのみ適用されるもので、ソフトウエアには当てはまらないと考えている。しかし異論もあるだろうが、私はソフトウエアの性能も直線的に向上していると思う。ムーアの法則は集積回路だけに留まるものではなく、人間の創造性にも当てはまる、もっと幅広いものではないだろうか。ムーアの法則を使って、あるテクノロジーが向上する時期を予測できるのは、集積回路のようにそのテクノロジーに大量に資金が投入されている場合だ。つまりこの法則が現在コンピュータープログラムに適用されていない理由は投資にある。コンピューター界では、資金の大部分はコンピューター本体の開発に投資されてきて、コンピューターを動かすソフトウエアに回される資金はほんのわずかだった。しかしこの構造は変わりつつある。グーツマン・プログラムを搭載したコンピューターがチューリング・テストを合格しそうなところを見ると、あと一〇年もすれば人間並みのＡＩが登場するものと思われる。こう考えてみればわかることだ。集積回路のテクノロジーとソフトウェアがムーアの法則に則って進化を続ければ、一〇年後の一般的なコンピューターの処理能力は現在のものより桁はずれに優れたものになるだろう。この世代のコンピューターなら、チューリング・テストをパスするのではないだろうか。

アメリカ軍は兵器システムにＡＩを使用している。それどころか、軍は開発がスタートした段階からＡＩに投資を続けていて、その見返りをすでに受けている。ＡＩを搭載した兵器で一番有名なものは、イラク戦争中にテレビニュースに何度も登場したスマート爆弾だ。ＡＩが人間と同等の知能を持つようになると、ドローンのような兵器は自律型になると考えていい。人間が任務の目的を指定すると、あとはＡＩが勝手に遂行するのだ。指揮官が兵士たちに任務の目的を指示し、兵士たちが任務を遂行するように。ドローンの場合、ミサイルの使用もＡＩが決めるようになるかもしれない。そこまで行くと、戦争はもはや私たちが知っているものではなくなる。人命を奪う任務を、人間に代わって自律型ＡＩ搭載ロボットが――つまりスマートロボットが――遂行する時代になるのだ。

完全自律型兵器[118]については否定的な報道が大量に流れている。まずはこの兵器の定義から論じることにする。完全自律型兵器とは、人間が介在することなく標的を選択し攻撃する能力を持つ兵器システムのことだ。問題は、この兵器に搭載されるコンピューターは判断を差し挟むことなく任務を遂行してしまう点だ。人間のパイロットなら、誰でも判断を下すことが求められる。ミスを犯せば、その責任は判断を下したパイロットが負う。だからこそパイロットとその指揮官たちは兵器の利用に細心の注意を払わなければならないのだ。不測の事態が起こった場合、慎重な判断が政治的にも軍事的にも求められる。冷戦期のアメリカとソ連は、互いの領空をたびたび侵犯し、相手が対応するまでの時間を計っていた。大抵の場合、侵入機を迎え撃つべく数機のジェット戦闘機が緊急発進するが、侵入機のほうは迎撃機の発進をレーダーで探知して、迎撃機が到着するまえに領空外に逃げてしまう。両国とも相手の意図を心得ていて、それに応じて行動するのだ。そこに判断が介在しなければ、領空侵犯はミサイルのやり取りに発展してしまうだろう。

人間並み[119]の知能を持つコンピューターに、人間並みの判断力があるのだろうか？　この問いかけを扱う論文は山のようにあり、あると結論づけるものもあれば、ないと断言するものもある。私自身も何本も読んでみたが、そんなことはわからないと諦めてしまった。そもそも人間並みの知能を持つコンピューターがまだ完成していないのだから、どれだけ考えたところで推論しか出てこない。

しかしロシアは実際に完全自律型兵器を配備している。軍事問題関連メディア〈ディフェンス・ワン〉によれば、「二〇一四年三月、ロシア戦略ミサイル軍は人間の指示を受けずに標的を識別・攻撃する武装哨戒ロボットを、五カ所のミサイル発射基地の周囲に配備すると発表した」という。[120]中国もそれに続く可能性が高い。アメリカも、軍事的均衡を保つために同様の兵器を配備するものと思われる。現在配備されている自律型兵器には、人間並みの知能を持つAIは搭載されていない。それはつまり、人間並みの判断力がないということを意味する。本当の問題は、人間並みの判断力がない自律型兵器は、何の罪もない人間を殺し、さらには戦争に火をつけるのではないかということだ。残念ながら、その答えは未来にならないとわからない。

自律型兵器には倫理面での懸念も数多くつきまとっている。それを三つにまとめてみた。

1　自律型兵器は国際人道法に従って行動するだろうか？
2　自律型兵器は加えられた攻撃に釣り合った反撃をするだろうか？
3　自律型兵器の行動の責任は誰が取るのか？

1と2が提示する最大の問題点は、非戦闘員に危害をおよぼすことを防ぐことができるかどうかだ。[121]アメリカ軍は国際人道法を〝一応〟守ることになっている。しかしアメリカとその他の国々は、国際人道法を確実に順守して自律型兵器を使うだろうか？　3の懸念は倫理面だけでなく軍事面にも関わることだ。もし自律型兵器が誤作動を起こして戦争行為をおこなったら、攻撃を受けた側は報復をすべきだろうか？　こんなシナリオを考えてみよう——ロシアはモスクワの周辺に自律型ミサイル防衛システムを配備している。そのシステムが誤作動して、国際空域を飛行していたアメリカの航空機を攻撃してしまう。アメリカは報復すべきだろうか？　攻撃された航空機が自律型ドローン編隊のうちの一機だったら、残りの編隊がロシアの自律型ミサイル防衛システムを攻撃することは十分考えられる。その先にあるのは第三次世界大戦の勃発だ。

自律型兵器の運用はまだ揺籃期《ようらん》にあり、運用面でも倫理面でも問題は山積している。しかし今この瞬間にも、この兵器の開発と配備が各国で進められている。そうした国々は、世界をさらに危険なものにしようというのだろうか。第一世代の自律型兵器は人間のように判断を下すことはできないのだから。次世代以降になると人間並みの判断力を持つようになるのだろうか？　今のところははっきりとした答えを出すことはできない。だからこそ、アメリカは専門家たちと協力して自律型兵器の国際法による規制に取り組んでいる。しかしそのプロセスはまだ始まったばかりなのに、すでに足踏み状態になっているように思える。

自律型兵器を巡る状況を理解すれば、ナノ兵器の今後の行方を知ることができるのではないだろうか。ここから理解を深めていこう。二〇三〇年代のナノ兵器に関わる三つの重要な未来予測を導き出すことができると思う。

1　人間と同等の知能を持つＡＩを搭載したコンピューターが、電子機器やロボットなどのナノ兵器を設計する。ナノ兵器の条件を指定すれば、コンピューターは人間の指示をほとんど受けることなく設計を進めていく。

2　ドローンやナノボットなどのナノ兵器システムは自律化する。

3　国家の軍事力は、もっぱらその国のナノ兵器の攻撃力で示されるようになり、核兵器の地位は下がっていく。つまりナノ兵器がパワーバランスの決定要因になる。

この三つの未来予測を詳しく見てみよう。そう予測した理由がわかってくるはずだ。ナノ兵器とナノ電子機器の設計にはコンピューターを使っているのだから、1と2はすでに始まっている。何も新しいことではなく、〈コンピ《C》ュータ《A》ー支援設《D》計〉という手法は以前からある。兵器システムや集積回路がより高度なものになればなるほど、その設計段階でのコンピューターへの依存度は高くなっていく。この傾向は、コンピューターの性能が向上するにつれてますます強くなっていくだろう。5章で見たアメリカ海軍のスウォーム攻撃用の自律型攻撃艇のように、兵器システムのさらなる自律化が進んでいく傾向も見られる。コンピューターに何かをやらせると、人間よりも速くやることができて、しかも人間よりずっと上手だからだ。3の予測の理由はいろいろにある。ナノボットの攻撃と核兵器の攻撃を比較して、理解していこう。

　核攻撃で国家そのものを破壊するには、ミサイルが必要だ。しかし軍事大国には核ミサイルの発射準備を探知する力がある。たとえばアメリカは、偵察衛星を使って仮想敵国が地上発射型の核弾道ミサイルへの燃料注入を開始した段階で探知することができる。核ミサイルを発射することも、その準備を探知されないようにすることも事実上困難だ。しかも核攻撃を仕掛けると反撃を受けることになる。アメリカが核攻撃されると、北大西洋条約機構《NATO》加盟国は自分たちが攻撃を受けたも同然だと考え、相手に対して壊滅的な報復攻撃を加えるだろう。一方、何十億体もの自律型AIナノボットを拡散するという攻撃を事前に探知することは難しい。AIの力で、すべてのナノボットが戦闘位置についてからでないと攻撃を開始しないようになるかもしれない。攻撃が始まると、ものの数時間のうちに国の指導部は失われ、しかも攻撃源の見当がまったくつかない。ナノ兵器の攻撃は、探知もできないうえに壊滅的な打撃を与える。だとしたら、そうしたスマートナノ兵器を保有する国家は、通常型のナノ兵器しか保有していない国家や、さらに言えば核保有国を凌駕《りょうが》するようになるだろう。同じことはナノ電子機器を拠りどころにする兵器システムにも言える。たとえば核を搭載する極超音速ミサイルは、探知される前に敵を撃破し、攻撃源を特定させる暇《いとま》を与えない。核ミサイル搭載潜水艦も、どの国を標的にすればいいのかわからないだろう。犯人とおぼしき国に向けて核ミサイルを発射したとしても、敵国側は反撃を予期していてミサイル迎撃システムを準備万端整えておくだろう。潜水艦側もミサイルを発射したことで位置を知られてしまい、攻撃型潜水艦の標的となってしまう。

　ウイルスのように空中でも水中でも移動することができて、陸海空の兵器を攻撃する自律型スマートナノボットを開発する国家が出てきてもおかしくはない。このスマートナノボットも、与えられた作戦任務を実行するまでは休止状態にすることができるだろう。敵の潜水艦もミサイルサイロ

も核を搭載する爆撃機も攻撃することができるので、相互確証破壊の原則は無効になってしまう
——現時点ではSFでしかないことはわかっている。しかしそんなナノボットをつくることはでき
ないという科学法則などない。十分な資金があれば開発可能なのだ。人類を月に送り込む計画に匹
敵する歴史的偉業になるだろう。アポロ計画にしても、かつてはSFだったのだ。拡散されたナノ
ボットが標的を見つけて任務を遂行するまで長い時間がかかるだろうが——何年もかかることもあ
るだろう——そんな場合に備えて自家発電システムも必要になるかもしれない。太陽光や風力を利
用して、ナノサイズのバッテリーに充電するのだ。艦内で何十年も発電しつづける原子力潜水艦と
同様に、自家発電型のナノボットも無限に脅威を与えつづけるだろう。

国家がナノ兵器をしっかり管理しても、テロリストやマッド・サイエンティストたちが使うかも
しれない。こんなシナリオを考えてみよう——不満を抱えているナノ兵器研究者が、不当な扱いを
受けたので復讐しようと企む。何十億体もの自律型スマートナノボットを自宅で製造し、それを詰
めた容器をスーツケースに収納して運ぶ。そして大都市の水源にまき散らし、飲料用水を汚染させ
る。汚染された水を飲んだ市民たちは、数週間のうちにある症状をみせるようになる。ここで何ら
かの手を打ったとしても、もはや手遅れだ。何の罪もない人々が百万単位で死んでいく。国全体が
激震し、国民は死の恐怖に怯えて暮らすことになる。政府は何とかしようとするものの、何をして
いいのかわからない。犯人のマッド・サイエンティストを捕まえて訴追したところでどうしようも
ない。こんな攻撃を防ぐ手立てはあるのだろうか？

たった一回のナノ兵器の攻撃だけで、世界を戦火に包むことができる。マッド・サイエンティス

148

トの例をテロリストに置き換えてみよう。テロ組織が、自律型スマートナノボットを使った攻撃をある国に仕掛ける。するとその国は、テロリストたちをかくまっているとされる国々に報復するかもしれない。報復攻撃を受けた国々は防衛手段を取り、世界を巻き込む戦いへと発展していくだろう。戦争の混乱のなかでは、どの国がどの国を攻撃しているのかわからなくなってしまうことも考えられる。〝使わないと無駄になる〟と考える国も出てくるだろう。つまり武器を保有していても使わなければ意味がないということだ。このシナリオでは、どんな結末でもあり得る。

自律型スマートナノボットを使った攻撃のシナリオをさまざまに検討した結果、ふたつの結論を見いだした。

1　ナノ兵器は本質的に危険なものである。保有する国にとってもそうだ。事故が起これば、それが意図的なものであれ偶発的なものであれ、世界的な紛争の引き金となってしまう。

2　ナノ兵器保有国は軍事大国と見なされるが、各国の疑心暗鬼を招いて厳しい監視の眼にさらされるだろう。いつの間にか、昔よりもさらに危険な冷戦に突入するかもしれない。

人工知能《AI》開発に携わる研究者のフューチャリストの大多数が、二〇四五年になるとコンピューターは人間の持つ総合的な認知知能を超えると予言している。[122] グーグル社でＡＩ開発の指揮を執るレイ・カーツワイルは、ＡＩが人間を超えることを〈特異点《シンギュラリティ》〉と呼ぶ。コンピューターがシンギュラリティレベルになれば、自己増殖が可能なナノボットを設計するようになり、しかも人間のサポートは必要最低限で事足りると思われる。自己増殖型のナノボットが現実のものとなれば、潜水艦の艦内にほんのわずかなナノボットを潜入させれば、時間が経つとともに増殖して群れをなし、内部から破壊することができる。このタイプのナノボットを使った攻撃を手っ取り早く理解するには、生物になぞらえてみればいい。つまり、自力で繁殖するようになったナノボットは知能を有する生命体となり、我々人間はその創造主たる神になるのだ。

8章　解き放たれる悪霊

安全を守る手段はたったひとつしかない。それは全員をがんじがらめに縛りあげて、銃を撃てないようにすることだ。完全無欠の安全を手に入れるにはそれしかない。

レズリー・グローヴス

〈アメリカの原子爆弾開発計画〈マンハッタン計画〉の指揮にあたった将軍〉

ほとんどの技術先進国はナノテクノロジーの研究を進めていて、ナノ兵器を開発している国もある。実際、アメリカ、ロシア、中国はナノ兵器の開発競争を繰り広げている。この軍事開発競争はまったくと言っていいほど公《おおやけ》にされておらず、ナノ兵器そのものと同じように一般人にはまったく見えない。まさしく〝見えない軍事開発競争〟と言えよう。それでも、この軍事開発競争は確実に存在する。この三国は年間一〇億ドル単位の資金を投入して、未来の超大国となるべくナノ兵器を保有しようとしている。

本書を執筆している時点では、この競争の勝者はアメリカになりそうだ。しかし歴史を振り返ってみれば、軍事面での優位性は不安定なものだということがわかる。たとえば、アメリカは一九四五年に日本の広島と長崎に原子爆弾を投下し、世界初の核保有国になった。ところが一九四九年にはソヴィエト連邦が最初の核実験を実施した。諜報活動と自前の技術を駆使して、アメリカが誇る最強の破壊兵器のコピーに成功したのだ。原子爆弾の技術機密がこんなにも早く他国の手に渡ってしまったことに、ほとんどのアメリカ人は衝撃を受けた。ところがである。[123] エネルギー省が刊行した、原子爆弾の開発過程を記した三六巻に及ぶ歴史資料『マンハッタン管区史』で、開発期間中に一五〇〇件以上の機密情報の漏洩があったことが明らかになった。

調査により、一九四三年九月以降一五〇〇件を超える〝不注意な会話〟および情報漏洩が確認され、機密事項の取り扱い手順の違反に対する是正措置も一二〇〇件以上あったことがわかった……情報の保全を完璧なものとするには、情報の漏洩源をすべて特定するしかなかった。

マンハッタン計画はトップシークレットだった。ここで疑問が浮かんでくる。どうしてそれほど大量の漏洩があったのだろう？　原子爆弾のような秘密兵器の開発といえば、ほんの数人の科学者たちがこっそりと研究を進めているというイメージがある。ところが現実はまったく異なる。総事業費ほぼ二〇億ドル、二〇一六年の貨幣価値に換算すると二六〇億ドルにもおよぶ歴史的な一大事業だったマンハッタン計画には、[124] なんと一三万人もの人々が携わっていたのだ。これでは機密情報を完全に守れるはずがない。一三万人もいれば、スパイがあちこちに入り込んでいてもおかしくない。ベンジャミン・フランクリンはこんな格言を残している。「三人でも秘密を守ることができる。そのうちふたりが死ねばいいのだ」アメリカは、どうにかこうにかして他国より一歩先んじている状態だった。[125]マンハッタン計画を指揮していたグローヴス将軍もその点は理解していた。「軍事安全保障と、情報を与えることと与えないことで得られる相対的優位性は、軍事的観点から見れば、我が国と他国の相対的な動向に左右される。優位性は開発速度で得られるのではない。両国の動きの相対的位置で決まるのだ」

　これが現在の状況だ。[126]アメリカは二〇一五年に国家ナノテクノロジー・イニシアティブ《NNI》を通じて一五〇〇億ドルをナノテクノロジーに投資し、市場規模一兆ドルとも言われているナノテク関連産業は一〇〇〇万人近くの労働人口を抱えている。[127]ジェームス・クラッパー国家情報長官（二〇一六年時点）が二〇一六年に提出した上院軍事委員会への報告書によれば、「中国は合衆国政府および同盟諸国、そしてアメリカ企業に対するサイバースパイ活動を続けており、成果を挙げている。ロシアおよび中国のサイバースパイ・プログラムは改良が重ねられ、つねに最先端であり続けている」この指摘が当たっているとすれば、ロシアと中国がナノ兵器でもアメリカとほぼ等しい戦力を維持することができるということなのだろうか？　逆にアメリカも中央情報局《CIA》を使ってロシアと中国のナノテク技術を入手しているのかもしれない。軍事情報を長期間秘密にし続けることは、不可能ではないが難しい。ある国が開発したナノ兵器がすぐに他国に真似されてしまうことは十分に考えられる。この予測が正しいことは歴史が証言してくれている。

　[128]ストックホルム国際平和研究所によれば、二〇一四年時点の核兵器保有国はアメリカ、ロシア、イギリス、フランス、中国、インド、パキスタン、イスラエル、北朝鮮の九カ国だ。しかし実際には、その気になりさえすれば、工業先進国ならどこでも数年のうちに核兵器を開発することができ

る。製造方法ならネット上にいくらでも転がっている。技術大国のドイツと日本であれば、一〇年以内にアメリカとロシア並みの核戦力を保有することができるだろう。歴史から学べば、ナノ兵器も世界各国に拡散していくと予測できる。

それでは、攻撃型ナノ兵器を保有する可能性が高い国々を調べてみよう。そのために〈ナノ兵器による攻撃が可能な国家〉のリストを作成してみた。NOCONは三つのカテゴリーに分かれる。

1　ナノ兵器国家——すでにナノ兵器を保有し、着実に開発を続けている国家。

2　準ナノ兵器国家——ナノ兵器を開発もしくは保有しているが、一世代以上古いものである国家。

3　ナノ兵器を開発可能な国家——ナノ兵器を開発する技術力はあるが、開発しないことにした国家。

では、それぞれのカテゴリーに当てはまる国はどこだろう？　ここでも実績のある〈金の流れを追え〉方式を使うことになるが、ここでは新たに三つの要因を加えて調べてみよう。その三つとは

・ナノテクノロジーを製品化できる能力

154

・軍事費からうかがい知ることができる、軍事力重視の姿勢
・ナノテクノロジーおよびナノ兵器を供与してくれる同盟国の存在

どの国をどのカテゴリーに入れるかについては、その国のナノテク技術の開発能力と軍事費、そして軍事同盟関係を勘案しなければならない。

1 ナノ兵器国家

ナノ兵器の開発力でも保有数でも、まちがいなくアメリカがトップを走っている。イギリスやフランスのような、アメリカと緊密な協力関係を築いている北大西洋条約機構《NATO》加盟国もナノ兵器の開発を進めているかもしれない。

アメリカに追随する中国もナノ兵器の重要性をわかっていて、強大な経済力にあかせて開発プログラムを急速に推し進めている。実用可能になったら配備するだろう。同盟関係にあるロシアと北朝鮮も、中国の技術支援を受けてナノ兵器の開発を進めるかもしれない。ロシアもナノテクノロジーに巨額な投資を行っているが、めぼしい成果を挙げておらず、アメリカと中国に大きく引き離されている。その理由はもっぱら汚職とお粗末な経営にある。それでも同盟国の中国を通じてナノ兵器の開発を進めている可能性はある。

イギリスはアメリカにとって最も近い同盟国だ。軍事面でも両国はひとかたならぬ関係にある。軍事作戦の計画・遂行、核兵器技術、そして情報共有に至るまで、米英の協力関係はほかの大国と

は比べられないほどだ。この〝ひとかたならぬ関係〟のなかにナノ兵器の共有が含まれていると見て当然だと言えよう。さらに付け加えるなら、イギリスは核保有国でＮＡＴＯ加盟国だ。イギリスを頼りがいのある軍事同盟国にするためにさまざまな努力を尽くすことは、アメリカの国益にかなうことだと言える。その努力のなかにナノ兵器に対する支援も含まれているのだろう。しかしこの関係は片務的なものではない。イギリス側も、参加している欧州研究開発フレームワーク計画から得たナノテク開発の情報をアメリカに提供することができる。通商貿易を含めた経済面と軍事面から見れば、イギリスはアメリカの五一番目の州と言っても差し支えないだろう。その意味を軽視してはならない。両国の緊密で特別な同盟関係は一〇〇年以上の長きにわたる。その歴史のなかで、軍事でも政治でも数え切れないほどの確執を生み出してきた。大きなものだけでも、第一次世界大戦、第二次世界大戦、朝鮮戦争、東西冷戦、フォークランド紛争、湾岸戦争、そして対テロ戦争が挙げられる。

2　準ナノ兵器国家

おそらくフランスもナノ兵器を開発しているだろう。その中核となっているのは国立科学研究センターで、参加している欧州研究開発フレームワーク計画でのナノテク開発も大きな役割を果たしていると思われる。フランスもまたＮＡＴＯ加盟国で核兵器を保有している。アメリカとロシア、そしてイギリスと同様に、フランスも核兵器をすぐさま使用できる臨戦態勢を整えている。どうやらこの国のナノ兵器は、排気ガス浄化装置に使われるナノ粒子などの民間技術を転用したもののようだ。そして近年はアメリカとの協力関係をさらに緊密なものにしている。イギリスに取って代わってアメリカに最も近しい同盟国になろうとしているという分析もあるほどだ。納得しかねる意見だが、それでもフランスはイギリスと同レベルの軍事力を保持しているという点については賛同できる。しかもイスラム過激派とロシアの脅威についてはアメリカと協調する政策を取っている。事実、フランソワ・オランド大統領（二〇一六年時点）は二〇一三年にアフリカのマリ北部紛争に軍事介入し、イスラム過激派を掃討した。

ドイツもナノ兵器を開発している可能性が高い。二〇一五年時点で、およそ一〇〇〇社のドイツ企業がナノテク製品の開発・製造・販売に関わっていて、約七万の労働人口を抱えている。ドイツはナノテクノロジー開発をさらに強く推し進めていると見てまちがいないだろう。ドイツは一九四八年に締結されたブリュッセル条約で核・生物・化学兵器の保有を禁じられている。核拡散防止条約にも署名していて、核兵器の開発も保有もしないことに同意している。それでもNATO加盟国であるドイツは、その他の加盟国と同様にアメリカの戦術核の傘の下にある。ナノテクの開発と製造を支える強固なインフラが整備されている点、核・生物・化学兵器の開発と保有を禁じられている点を考え合わせると、ナノ兵器については確固たる地位を築きたいという意図をドイツが抱いていても、きわめて当然だと言える。たとえば超小型核爆弾のような、特定のナノ兵器の開発を続けているのではないだろうか。EU加盟国であるドイツは、欧州研究開発フレームワーク計画でもナノテク開発を推進している。

韓国は二〇一六年時点の名目GDPで世界第一一位という経済力があり、国内に三万人近いアメリカ軍が駐留している。アメリカの同盟国で、重要な貿易相手国でもある。ついでに言えば、その軍事費は敵対する隣国の北朝鮮のGDPとほぼ同額だ。そんな韓国についてはこんなことが考えられる。

・最新鋭の通常兵器と戦術核を持つ在韓米軍が、北朝鮮の核攻撃を阻止する。
・北朝鮮の脅威に対応するべく、韓国は攻撃型ナノ兵器の開発を進めている。

3　ナノ兵器を開発可能な国家

日本のナノテク応用は商業・工業・医療の三分野に集約されている。一九六〇年に締結された〈日本国とアメリカ合衆国との間の相互協力及び安全保障条約〉——いわゆる日米安保——により、日本は実質的にアメリカの保護国となった。日米は互いに重要な貿易相手国でもある。日本が経済成長に重点を置き、アメリカとの関係を強固なものとする政策を取っているのは、戦略的に見て理にかなっている。そんな日本は対米関係のさらなる強化をはかり、保護国から軍事同盟国に昇格することを望んでいると、軍事専門家の大多数は考えている。

インドもナノテクノロジーをもっぱら商業・工業・医療に向けている。インドは核保有国で、新型の弾道ミサイルや巡航ミサイル、艦船発射型の核システムを積極的に求めている。しかし軍事費はそれほど多くなく、ナノテク開発もそれほど進んでいないところを見ると、インドがナノ兵器開発プログラムを大々的に進めているとは言い難い。

サウジアラビアは、前に述べた〈サイエンティフィカ〉の報告書には載っていない。つまりサウジアラビアはナノ兵器の開発を進めていないと考えるのが普通だろう。ところが国際戦略研究所《IISS》が出している年報『ミリタリー・バランス』の二〇一六年版では、サウジアラビアの二〇一五年の軍事費は八一九億ドルで、アメリアと中国に次ぐ世界第三位だ。また核保有国であるパキスタンと友好同盟関係にあり、商業的にも文化的にも宗教的にも、また政治的にも利害を共有している。目下のところ、サウジアラビアの主眼は世界有数の石油輸出国のひとつであり続けることに置かれている。外交政策にしても、他の産油国と主要な石油消費国との関係に左右されているようにも思える。しかし中東は宗教対立の温床となっていて、石油資源とペルシャ湾へのルートを巡る戦いが頻発している。事実、第一次湾岸戦争でイラクが小国クウェートに侵攻したのは、ペルシャ湾に直接アクセスするルートを獲得するためだった。サウジアラビアが軍事に膨大な予算をつぎ込むのも、パキスタンと同盟関係を結んでいるのも、本当の理由はイランの脅威に対処するためだ。しかし話はこれだけでは終わらない。現在、世界で一番武器を購入しているのは中東諸国で、この地域ほど武器で溢れかえっている場所はほかにはない。そしてアメリカと友好関係を築いているサウジアラビアは、中東全域のイスラム過激派から非難されている。膨大な軍事費と中東での危なっかしい立ち位置、そしてパキスタンとの同盟関係を考えると、サウジアラビアは入手可能であればナノ兵器に手を伸ばすものと考えてよい。私は、サウジアラビアがナノ兵器を開発していると言うつもりはない。しかしナノ兵器は国益にかなうものだと認識すれば、オイルマネーにあかせて世界トップクラスのナノテク研究者を連れてきて、攻撃用ナノ兵器を開発させるかもしれない。それとも、兵器市場から購入するかもしれない。

攻撃用ナノ兵器を我が物にしようとする動きは、二〇二〇年代後半以降の国際関係を大きく左右すると思われる。人間に伍する知能を持つＡＩが出現すると、スマートナノ兵器は人気を博するだろう。その理由は七つある。

・二〇二〇年代後半のナノ兵器の価格は核兵器より安い。
・ナノ兵器の搬送は核兵器に比べると非常に簡単。
・ナノ兵器の生産施設の探知は難しい。
・核兵器並みの破壊力がありながら、攻撃対象を絞り込むことが可能で、一般市民への被害を最小限に留めることができる。
・核兵器と比べると環境に与えるダメージは格段に小さい。
・甚大な被害を受けるまで、それがナノ兵器による攻撃だとは気づかない。
・ナノ兵器の攻撃源を特定することは難しい。

どの理由ひとつとってみても、ナノ兵器が大流行するのも当然だと思える。ナノ兵器を保有していれば、小国ですら強大な軍事力を行使することができるだろう。そうなれば超大国の定義は変わってしまう。核兵器とその運用システムの保有数だけでなく、ナノ兵器とその運用システムの保有数で決まるのだ。新たな冷戦期が到来するのは必至だ。

具体的に言うと、最初にナノ兵器を購入してナノ兵器国家となるのは中東諸国だと思われる。そして二〇二〇年代後半から二〇三〇年代前半にかけて、世界各地で冷戦が勃発すると予想される。

・新たな東西冷戦――中国とロシアが、アメリカ、イギリス、フランスをはじめとするNATO加盟諸国と対立する。
・中東冷戦――何千年も続く歴史的対立関係から、中東の各国と武装グループが反目し合う。
・朝鮮半島冷戦――北朝鮮と韓国が五〇年以上にわたって続けてきた対立がそのまま継続される。
・対テロ冷戦――イスラム過激派が、中東を食いものにして石油の利権を支配してきたアメリカ・イギリス・フランス・ロシアと対立する。

今後は、ナノ兵器がもたらす冷戦を〈新冷戦〉と呼ぶことにする。新冷戦とは、国家間のみならず国家対テロ組織をも含めた、あらゆる敵対行為・示威行為・宣伝および情報戦をひっくるめた、戦争の一形態だ。

対テロ冷戦は新種の冷戦だ。相手は領土を持つ国家ではなく、中東をはじめとする世界各地に幅広く存在するイスラム過激派だ。彼らは聖典《クルアーン》と預言者言行録《ハディース》の教義を手前勝手に解釈し、自分たちのテロ行為を正当化している。しかし話はそんなに単純なものではない。[130] イギリスとフランスでのイスラム過激派についての研究で、彼らのテロ行為はイスラムの教義とはまったくと言っていいほど結びつかないものだということがわかった。彼らをテロに駆り立てるものは何だろう？　その答えは多種多様で、意見もさまざまに分かれる。答えの手掛かりとなるふたつの分析を紹介しよう。

①欧州大学院のフランス人政治学教授オリヴィエ・ロイ[131]は、グローバルテロリストをこう特徴づける。

(a) 自分たちの故国が抱えている様々な問題に対する報復を望んでいる。

(b) もともとは信仰心に欠けていたが、他国に渡って初めて〝目覚めた〟。

(c) 国に対する帰属意識に欠けている。たとえば彼らは、ある国で生まれて、他国で教育を受けて、それからまた別の国で戦って、さらに別の国に逃れる。ロイ教授は、テロ組織が世界各国でメンバーを勧誘できるのはこれが理由だとしている。

(d) 不信心者たちの戦いである聖戦《ジハード》は永遠に不滅で、世界中のどこにいても遂行できるものだと信じている。

②アフガニスタンの病理学者ユセフ・ヤドガリ[132]が、二〇〇七年に発生した一一〇件の自爆テロを調査した結果、自爆犯の八〇パーセントは何らかの身体障害もしくは精神障害を負っていたことが判明した。

テロリスト研究の専門家は多いし、書物ならそれこそ山のようにある。しかしここに挙げたふたつの分析は、テロリストの本質をよく捉えていると思う。結論を言えば、対テロ冷戦は最も大きな危険をはらんでいる。テロリスト全体から見れば、自爆テロ犯はほんの一部しか占めていないが、冷戦を全面戦争に発展させてしまう深刻な脅威なのだ。

テロリストたちのなかには核を入手しようとする者たちがいるが、さまざまな国がその企みを阻止している。しかし二〇二〇年代後半から三〇年代前半にかけて、ナノ兵器はブラックマーケットで入手できるようになると思われる。ブラックマーケットで攻撃用ナノ兵器を購入してテロを敢行する可能性が懸念される。また、ナノ兵器の製造には数多くの企業が参入してくるだろう。待遇に不満を覚えるナノ兵器工場の従業員が、製品を盗む手段を見つけるかもしれない。困ったことに、ナノ兵器は核兵器とちがって行方不明になっても見つけることは難しい。放射線のような、すぐわかるようなものを発しないからだ。ブリーフケースに収めることができる分量のナノ粒子で、大都市を壊滅させることができる。犯人は逮捕されることになるだろうが、それは犯行実行後にちがいない。逮捕された時点で、すでに何百万もの人命が失われ、さらに多くの人々が死に至りつつあるだろう。不満を抱く従業員が一匹狼のテロリストであろうがマッド・サイエンティストであろうが、この際どうでもいい。ナノ兵器でも軍産複合体が形成され、多くの労働力を抱えるようになると、こんな事態が生じる可能性はきわめて高くなる。

9章　火をもって火を制す

時勢に負けずに活発的になり、火にたいしては火となり、
脅迫者には脅迫をもってのぞみ、威嚇するものの顔はにらみ倒してやることです。

シェイクスピア『ジョン王』
（小田島雄志訳、一九七九年白水社刊）

ナノ兵器による攻撃のシナリオ・パート2

ホワイトハウスは異変を察知する――偵察衛星の画像から、モスクワの北方八〇〇キロメートルに位置するプレセツク基地で、大陸間弾道ミサイル《ICBM》に燃料を注入している様子が認められたのだ。しかしそれ以外にロシアの敵対行動を示す報告は上がっていなかった。それにプレセツクは、昔からロシアがミサイルの発射試験をおこなう基地として知られていた。だからアーノルド・ジェームズ大統領は憂慮すべき事態だとは思っていなかったが、それでも規則どおりにクレムリンと連絡を取った。二〇〇八年に設置された、機密保護が完璧なコンピューターでつながったホットラインを通じて、大統領はメールを送信した。通話でなくメールなのは、そのほうが誤解を招く心配がないからだ。送信されたメッセージは受信側で翻訳される。両国間のホットラインが最初に使われたの

は一九六三年、ケネディ大統領が暗殺された直後のことだ。その当時はコンピューターではなくテレックスが使われていた。一九九一年には直接通話ができる回線が設置された。キューバの危機では〝公式の〟意思疎通に六時間以上を要した経験から、誤解が生じて核戦争が勃発するのを防ぐために、両国は迅速に接続可能なシステムの構築を望んだ。

大統領は、東海岸時間の午前八時四三分にメッセージを送信するよう指示した。その内容は「親愛なるコズロフ大統領閣下。我々はプレセツク基地におけるICBMへの燃料注入を探知いたしました。その意図をお教えください。敬具　アメリカ合衆国大統領アーノルド・ジェームズ　二〇三五年四月二三日、東海岸時間午前八時四三分」メッセージは意図的に短くし、使われる言葉は一語一句慎重に選ばれた。

ホットラインで交わされるメッセージは、すべてが自動的に〝大統領親展〟とされ、緊急扱いとなる。ただ単にメッセージを受信したという確認であっても、通常は一〇分以内に返信が来ることになっていた。しかし午前九時の時点で返信はなく、ジェームズ大統領はクレムリンとの直接通話を決断した。大統領はジョン・キャラハン国務長官、キャロル・ベイカー国防長官、ミシェル・パワーズ首席補佐官を招集したうえで電話をかけた。呼び出しのベルは六回鳴った。尋常ではなかった。両国とも二四時間体制でホットラインに対応しているのだから……

ようやくこわばった声が電話口に出た。「スチェパーノフです」ロシアの首相は流暢《りゅうちょう》な英語でそう言った。

「こんにちは、首相。アーノルド・ジェームズです」スピーカーフォンになっていたが、大統領はそのことを伝えなかった。

「大統領閣下」

「何かあったのですか？」

「何かがあったどころの話ではありません、大統領閣下」

「プレセツク基地でミサイルへの燃料注入が確認されたのですが」

「ええ、大統領閣下。我々は防衛措置を取っているところです」

大統領執務室《オーバルオフィス》に緊張が走る。全員が大統領の机に置かれているスピーカーに身を寄せた。

大統領は穏やかで落ち着いた声を保ちつつ尋ねた。「その防衛措置とは、どのようなものですか？どこに対してのものですか？」

「わからないのです。目下のところ情報収集中です」

「コズロフ大統領とお話ししたいのですが」

「それはできません、大統領閣下。コズロフ大統領は亡くなりました」

ジェームズ大統領は言葉を失う。彼は声を落としてこう言った。「お悔やみ申しあげます……いつ亡くなられたのですか？」

「一時間ほどまえ、四人の議員と一緒に……」

「それは……心よりお悔やみ申しあげます。原因はわかっていらっしゃるのですか？」

「はい、ナノボットの攻撃によるものです。私はクレムリンの国防大臣室から通話しております」

国防大臣室とはクレムリンの地下にある三層構造の強固な地下シェルターで、ホワイトハウスの地下にある大統領危機管理センターと同じようなものだ。スチェパーノフは話を続ける。「我々としては防衛措置を取らざるを得ないのです」

「了解しました。きっぱりと申しあげておきますが、我々は攻撃などしておりません」

「もちろんそうですとも、大統領閣下」スチェパーノフが慇懃《いんぎん》な口調でそう言うと、電話は一〇秒ほど無音になった。ジェームズ大統領には、その一秒一秒が一分にも感じられた。スチェパーノフの妙にへりくだった態度も気になった。大統領はもうひとつのデスクフォンの緊急非常事態ボタンを押すと、ホットラインにこう告げた。「我々は誓って攻撃などしておりませんし、あらゆる支援を惜しまないと約束します。すみません、すぐにかけ直します」通話は終わった。

緊急非常事態ボタンを押すと、防衛準備態勢《デフコン》レベルを2に上げる大統領命令が自動的に発せられる。それはつまり、戦争が切迫していることを意味する。すぐさま八人のシークレットサービスが銃を手にオーバルオフィスに入ってきて、ひと言も発することなく大統領と閣僚たちを脇から抱え、そのまま大統領危機管理センターに連れていった。規則どおりの手順なのだが、こんな緊張のドラマはめったに起こらない。大統領たちは二五秒も経たないうちに大統領危機管理センター内に閉じ込められた。

スチェパーノフの話とその口調からは、ロシア側がどこを攻撃源だと判断しているのかわからなかった。大統領には、防衛措置を取ることしか選択肢はなかった。統合参謀本部議長のアーサー将軍と連絡を取った。将軍とそのスタッフも国防総省の地下シェルターに移動していた。

「将軍、一体何が起こっているんだ？」

「我々にも正確なことがわかっていないのです、大統領閣下」

「では、わかっていることを教えてくれ」

「本日午前八時二九分に、我々の偵察衛星がロシアのプレセツク基地でＩＣＢＭへの燃料注入を探知しました。二隻の攻撃型原潜から、それぞれが追跡していたロシアの二隻の戦略型原潜（弾道ミサイルを搭載している原潜）が沈没したとの報告を受けました。それ以外のロシアの戦略型原潜も不規則な動きを見せており、まったくと言っていいほど統制が取れておりません。ですが弾道ミサイルの発射可能深度まで浮上している艦はひとつもありません。現在、全軍は臨戦態勢にあります」

「報告ご苦労、将軍。通話は切らないで一緒に聞いていてほしい。これからスチェパーノフ首相にかけ直す」

「はい、閣下」

大統領は危機管理センター内のホットラインの受話器を取り上げた。スチェパーノフはすぐに出た。敵意を一切示したくなかった大統領は、すべての情報をオープンにすることにした。

「首相、いくつかお伝えしたいことがあります」

「何でしょうか？」

「我が方の偵察部隊から、そちら側の戦略型原潜二隻が沈没し、それ以外の艦も不規則な動きを見せているという報告が上がってきています」大統領はそこで話を切り、スチェパーノフに情報を呑み込む時間を与えた。「この事態を把握していましたか？」

「ええ」

ジェームズ大統領はたたみかける。「どうされるおつもりですか？」

「防衛措置を取るのみです」

「首相、現時点のロシア連邦大統領はあなたです。是非ともミサイルを撃たないでいただきたい」

「我々の安全を守らなければならないのです」

「それはわかりますが、力にならせてください」

「力になる？　どうやって？」

「ロシアが直面している脅威を無力化する対抗手段が、我々にはあります」

「対抗手段とは？」

「攻撃用ナノボットを無力化する、迎撃用ナノボットです」

「迎撃用ナノボットの存在については知っていますが、それがこの状態の何に役に立つのですか？」

スチェパーノフの言葉に、ジェームズ大統領は驚きを隠せなかった。迎撃用ナノボットの情報は極秘を上回る〈特別アクセス計画〉に分類されている。ロシアはどうやって迎撃用ナノボットの情報を入手した？　そんな疑問が大統領の頭に浮かんだ。しかし今はそんなことを考えている暇はない。「残念ながら、正体不明の敵が引き起こした惨状を元通りにすることはできません。それでも、さらなる損失を食い止めることはできます。そして敵の正体を特定することも、その敵に裁きを下すことも可能です」

「何をなさるおつもりですか？」

「モスクワとプレセツク、そしてロシア全土の主要都市と軍事基地に向けて極超音速ミサイルを発射します。ミサイルの弾頭には迎撃用ナノボットを格納しています」

「ロシアにミサイルを撃ち込むというのですか⁉」スチェパーノフは信じられないといった口調で言った。

「ええ」

「ですが、あなた方が我々をだまして、別の弾頭を搭載した強力なミサイルを撃たないという保証はどこにあります？」

「そこは信用していただくしかありません。私は全軍にデフコン2を発令して、ロシアと同じ運命に苦しまないように万全の手を打っています」大統領は苛立ちを覚え、さらにこう言った。「いいですか、敵の正体が我々だとしたら、さっさと極超音速ミサイルを発射して攻撃を続ければいいだけの話ではありませんか？　極超音速ミサイルを迎撃できるシステムはロシアにないことも、標的に到達するまで探知不可能だということもわかっています。我々がロシアを滅ぼすつもりなら、今ここでそんなことを話すわけがないじゃないですか？」

「そうですね。確かにおっしゃる通りです」スチェパーノフはそう言うと、二〇秒ほどかけて選択肢を比較検討した。「それでも、我々は今なお超大国であると誇示するには、防衛措置を取るしかありません。そのために中東のＩＳＩＳ支配地域にミサイルを撃ち込むつもりです」

「それは危険です。中国や我々がミサイルの軌道を誤って解釈したら、反応せざるを得ません」

「ロシアが滅びるなら、ＩＳＩＳを道連れにするまでです」

「一五秒ください。こちらで話し合います」

「どうぞ、大統領閣下」

ジェームズ大統領はミュートボタンを押し、問いかけた。「アーサー将軍……きみはどう思う？」

「プレセツク基地を破壊することも、発射されたミサイルを撃墜することも可能です。それでもロシアは、アメリカに壊滅的な報復攻撃を加えることができる戦略型原潜と爆撃機、移動型ミサイル発射台を持っています。それらから発射されたミサイルをすべて迎撃できるとは言い切れません」

「なるほど。そのままで待っていてくれ、将軍」

「スチェパーノフ大統領、お願いだ、我々に協力させてほしい」ジェームズ大統領はそう言うと、スチェパーノフの返事を期待しつつ間をあけた。しかし六秒後にジェームズ大統領は尋ねた。「中国にはそちらの意図を伝えてありますか？」

「いえ」

「まずはそこからです」ジェームズ大統領はそう言うと、中国に事情を説明するようキャラハン国務長官に無言で促した。

キャラハンは静かに立ち上がり、別の電話で国務省のオフィスに連絡し、中国大使館に連絡を取るよう指示した。一分と経たないうちにキャラハンは駐米大使の陳とつながり、状況を協議した。

それと並行して、ジェームズ大統領もスチェパーノフと話しつづけた。

ジェームズ大統領は繰り返し言った。「我々は一切の誤解を望みません。なので陳大使にも話に加わっていただきます」

「ごきげんよう、スチェパーノフ大統領」陳大使は恭《うやうや》しい口調で切り出した。「私も本国の指導部と連絡を取っています。我々中国を刺激しないでいただきたい」

「打てる手はすべて打ちましょう」そう言うスチェパーノフの声は、自分は運命の手にゆだねられたことを受け入れた、諦めにも似た響きを帯びていた。

「この問題を解決し得る手があるのですが」と、ジェームズ大統領は言う。

「それは何でしょうか、大統領閣下」

「まず、追尾可能なミサイルを一発発射していただく。その一発は、あなた方の軍事力を誇示するようなものでなくてはなりません。その後、我々が極超音速ミサイルを撃つ」

合衆国大統領が、核弾頭を搭載するＩＣＢＭを発射するようロシアに提案したのだ。危機管理センターの面々は、皆一様に恐怖と驚きが入り混じった表情を浮かべた。陳大使は何も言わなかった。

「で、どのような手を我々に差し伸べていただけるのですか？」スチェパーノフは困惑した声で尋ねる。

「我々の手でナノボットの攻撃を無力化するのです」

スチェパーノフは、これはロシアが中東に戦力を展開させていることに対する、テロ組織の報復だと確信していた。このナノボットの奇襲攻撃に乗じて、アメリカと中国が危険を顧みずにロシアに対して核攻撃を仕掛けてくるはずがないとも考えていた。スチェパーノフは誉れ高きロシア連邦軍幕僚大学の出身で、ロシア指導部内の穏健派から高く評価されている。対米・対中姿勢は友好的なものだ。そんな彼はいくつかのシナリオを慎重に検討した結果、ひとつの結論に達した。「わかりました。あなたの案に乗りましょう。ロシアに向けて極超音速ミサイルを発射してください」そしてまた言葉を切り、感情で声を震わせながらこう続けた。「ロシアと世界が、あなたの計画どおりに救われることを祈りましょう」そして通話は終わった。

「陳大使、この核行使に過剰反応しないよう、そちらの指導部への注意喚起をお願いします」ジェームズ大統領は淡々とした口調でそう要請した。中国の指導部も通話に加わっていて、話を聞いていることはわかっていた。ジェームズ大統領は返答を待たずに話を続ける。「しばらくお待ちいただこう」そしてミュートボタンを押した。

「大統領閣下」アーサー将軍が口を開いた。「偵察衛星が、ロシアがＩＣＢＭを一発発射したことを確認しました。現時点の軌道を見るかぎり、標的はシリアと思われます」

「シリアのどこだ？」大統領はシリアに展開している、アメリカとイギリス、そしてロシアを中心とする有志連合軍部隊を心配していた。このままでは彼らが核爆発の犠牲になりかねない。

「特定はできませんが……待ってください……わかりました、シリア砂漠のアル・ハマドかと思われます」

「そこに有志連合軍はいるのか？」

「いえ、無人地帯です。ＩＳＩＳすらいません」

ロシアの新大統領は核戦争の危険を回避したのだ。誰もいない砂漠のど真ん中を標的にすれば、文字通り犠牲者は出ない。それでも威嚇射撃のようにメッセージを送ることはできる。大統領はそう考えた。

彼はミュートボタンをオフにして陳に話しかけた。「そちらでもロシアの核ミサイルを追っていますね」

「ええ。シリアを目指しています」

「そうです、陳大使」キャラハン国務長官がくだけた口調で言った。「アル・ハマドで爆発する模様です。中国の権益を脅かすような事態にはなりません」

「我々は事態を慎重に見守っていくつもりです」そう言う陳の声には厳しいものがあった。

「我々もあなた方を見守っていますから」キャラハンはそう言い返し、またミュートボタンを押した。ロシアとシリアは地理的に近い位置にあり、そのぶんミサイルの飛行時間も短く、七分ほどしかかからない。危機管理センターに明らかに緊迫した顔が並ぶ。そしてとうとう、アル・ハマドで核弾頭が炸裂する。

アーサー将軍が言う。「およそ一〇キロトンの、ヒロシマ型よりも小さな小型戦術核でした……放射性降下物も最小限で済むはずです」

ジェームズ大統領はミュートボタンをオフにして陳に告げた。「爆発の規模は小さいものでしたが、メッセージはＩＳＩＳに伝わったと思われます」

「ええ、こちらでも確認しました。しかし監視態勢はこのまま継続します」おそらく本国からの指示があったのだろう、陳は一旦話を切り、それから話を続けた。「ロシア国内の中国資産が攻撃を受けた場合、その責任は合衆国に負っていただきます」

「そちらの指導部にお伝えください、我々はあらゆる手段を講じて、今回の事態を収拾すると」ジェームズ大統領はそう答えた。中国はいつものように武力をかさに威嚇しているだけだ。彼にはわかっていた。

「互いに理解し合えるとよろしいのですが」陳がそう言うと会話は終了した。

大統領は、極超音速ミサイルへの迎撃用ナノボットの搭載をベイカー国防長官に指示した。ミサイルの発射準備はすでに整っていて、標的の設定もほんの数分しかかからない。ベイカーは大統領の命令を実行するようアーサー将軍に指示した。

ジェームズ大統領はスピーカーフォンに向かって話しかけた。「将軍、ミサイルがモスクワに達するまでどれぐらいかかる？」

「原潜からの第一波は一七分で到達します。モスクワは優先順位第一位です。サウスダコタの基地からのＩＣＢＭは五四分かかります」

「殺人ナノボットの掃討にかかる時間は？」

「お待ちください、大統領閣下。現在計算中です」

一分ほど経ったのちに、アーサー将軍の声がスピーカーフォンから聞こえてきた。「完全に根絶するまでは、迎撃用ナノボットの拡散から四時間を要するものと思われます」

「感染した人々はどうなる？」

「迎撃用ナノボットは感染者の肌から浸透し、〝掃討任務〟を開始します。大部分は一時間以内に症状が好転するはずです。しかしそれには迎撃用ナノボットに晒されなければなりません」

「ロシアの原潜はどうなんだ？」

「乗組員も感染しているとすれば、もはや手遅れかもしれません」

「モスクワの衛星画像をこちらに送ってくれ。確認してみたい」

危機管理センターのモニターのひとつが点灯し、モスクワの衛星画像が映し出された。画像は拡大され、クレムリンを中心にした上空三〇〇メートルからのものに切り替えられた。

「画像を確認した、将軍。そのまま切らずに待っていてくれ。スチェパーノフ大統領に連絡する」

スチェパーノフはすぐさまホットラインに出た。

「どうしました、大統領閣下？」

「およそ一五分後に、ミサイルの第一波がモスクワ上空に到達します。爆発範囲は市上空の全域におよびます。まあ花火みたいなものですが、それでも破片が落ちてくるので、市民の皆さんに注意を促しておいてください」

「警報のサイレンはもう鳴らしています。ミサイルのことは市民全体に伝わっています」

「ここが肝心なのですが、我々が拡散するナノボットに市民全員が晒されなければなりません。つまり、今あなたがいる地下シェルターにも外気を満たさなければなりません」

「それでどうなるんです？」

「ほぼ全員の容体が一時間以内に好転するでしょう。しかし殺人ナノボットをすべて破壊するには、我々の迎撃用ナノボットが拡散されてから四時間を要すると考えられます」

「我々の原潜はどうなるのでしょう？」

「連絡が取れるようなら、浮上してハッチを開くよう指示してください。その位置に向けてミサイルを撃って、迎撃用ナノボットを拡散させます」

「でも連絡がつかなかったら？」スチェパーノフの声は悲しみと苛立ちが入り混じったものだった。

「こちらのスタッフに確認させましょう」ジェームズ大統領はミュートボタンを押して言う。「アーサー将軍、どうすればいい？」

「お待ちください、大統領閣下。数分ほど検討させてください」

「わかった。そのあいだはスチェパーノフと話をしてつないでおく。答えが見つかったら連絡してくれ」

ジェームズ大統領はミュートボタンをオフにした。「スチェパーノフ大統領？」

「はい、大統領閣下」

「こちらで、さきほどの問題に取り組んでおります。原潜と連絡はつきましたか？」

「はい、今のところは五隻と。四時間以内に浮上してハッチを開くよう指示しておきました」

「よかった。原潜の位置はこちらで探知します――」そのとき、モスクワ上空で極超音速ミサイルが炸裂する映像が映し出され、ジェームズ大統領は何を言おうとしていたのかわからなくなる。

スチェパーノフが言う。「そちらのミサイルがモスクワ上空で爆発したのを確認しました。迎撃用ナノボットが機能を開始し次第、通気孔を全開にします」

「わかりました」スチェパーノフは、クレムリンの機能が完全に停止するまえに迎撃用ナノボットが効果を発揮するかどうか不安なのだろう。ジェームズ大統領はそう思った。デスクフォンのランプが点灯した。アーサー将軍が答えを出したのだ。「一五分ほどあとにかけ直してよろしいでしょうか？」

「もちろんです」スチェパーノフの声からは安堵の色が見て取れた。ジェームズ大統領は通話を切った。

「将軍、何か手は見つかったか？」

「悪い知らせと、さらに悪い知らせになりそうです」

「話したまえ、将軍」

「不規則な動きを見せていた原潜は沈没したか、何かと衝突したと思われます。浮上できたとしても、航行の障害物となるでしょう」

「で、さらに悪い知らせは？」

「原潜が沈没した海域は放射能で汚染されるかもしれません。ミサイルの核弾頭が爆発する可能性もあります」

「わかった、将軍。ではどうすればいい？」

「我々の手で原潜を沈めるのが最善かと」

「放射能はどうする？」

「艦橋のみを標的にしてナノボット攻撃を加えて沈めます。それから弾頭を回収します」

「絶対に成功できるのか？」

「いいえ、大統領閣下。一〇〇パーセントは保証しかねます。限られた時間内でこの問題を解決するには、考え得るかぎりではこれがベストかと思われます」

「了解した。スチェパーノフに伝えるから待っていてくれ」

ジェームズ大統領がホットラインで呼び出すと、スチェパーノフはすぐに出た。「スチェパーノフ大統領……」

「どうでしたか、大統領閣下……」

「これは簡単な答えが見つからない難問です。こちらのスタッフは、制御不能になった原潜は沈めて、そののちに核弾頭を回収すべきだと提案しています。それが最善策だと」

「なるほど、我々も同じ結論に達していたところです」スチェパーノフはそこで間を取り、ひとつ息をついた。「しかし回収される弾頭はすべてロシア連邦の所有物です。必ず返却していただきたい」

「回収した弾頭は、どのようなものであっても全部お返しします。それはお約束しましょう」

「感謝します、大統領閣下」

「いえいえ、私のほうこそアル・ハマドで戦術核を使っていただいたことに感謝します」

「どういたしまして。あ、待ってください。議員たちが回復しているという報告が入りました。迎撃用ナノボットが効いているみたいです」

「おお、それはよかった。これで今後またナノボット攻撃を受けても、モスクワの安全は完全に保たれます」

「ところで、この迎撃用ナノボットの効力はいつまでもつのでしょうか？」

「長期間だと言っておきましょう」ジェームズ大統領は知られたくなかった。実は自律式で、アメリカから遠隔操作で機能停止にしないかぎり、いつまでも活動しつづけるということを。

「わかりました」。この迎撃用ナノボットは永久に機能しつづけるのだな。ジェームズ大統領の反応からスチェパーノフは感づいた。しかし今はそれを云々すべきタイミングではない。

「そちらの原潜が浮上を開始しているという報告が来ていますが」

「ええ、ただちに浮上するよう指示を改めました」

「大統領閣下」スチェパーノフは感に堪えないように言う。「あなたはロシアの大切な友人です。あなたにしていただいたことを、我々は忘れません」

「スチェパーノフ大統領、これを機に、我々大国同士が改めて緊密な友好関係を築けるようになればと……この痛ましい惨事の背後にいる者たちを、一緒にあぶり出しましょう」

「ありがとうございます、大統領閣下。対話は維持しつづけましょう。まだまだ課題は山積みなのですから……」

――このシナリオはもちろんフィクションだが、本当に起こってもまったく不思議ではない。歴史を振り返ってみると、四つの自明の理が見えてくる。
1　戦争[133]は人間の本能だ。現生人類の起源は二〇万年前までさかのぼることができる。しかし人間の祖先が槍《やり》を使った形跡はそれよりさらに古く、四〇万年前に見られる。

2　戦争が起こるたびに兵器の威力は増していく。[134]現在、全世界には人類を滅ぼすことができるほどの核兵器がある。

3　攻撃用兵器を配備しても、相手はすぐに防御用兵器を開発して対抗する。[135]第一次世界大戦中の一九一七年にイギリス軍が戦車を投入すると、早くも一九一八年にドイツは対戦車兵器を開発した。口径一三ミリメートルの大型ライフルで、戦車の装甲を貫通してエンジンを破壊したり乗員を殺害したりすることができるものだった。どんな攻撃用兵器にも、その威力を無力化できる防御用兵器が存在する。[136]ICBMですら、ロシア軍のA-135やアメリカ軍の地上配備型《G》ミッドコース《M》防衛《D》システムのように、弾道ミサイル迎撃システムがある。

4　軍事機密の漏洩を防ぐことはきわめて難しい。

ナノ兵器の歴史にも、この四つの定理は当てはまると思われる。

先ほどのシナリオでも描いたが、ナノ兵器の攻撃に一番効く対抗手段は、迎撃用スマートナノボットのような防御用ナノ兵器だ。ナノサイズの攻撃用スマートナノボットを拡散されると、通常兵器でも核兵器でも迎撃できない。使うにしても、甚大な巻き添え被害を覚悟しなければならない。国の指導者たちを狙ったナノボット攻撃を核で迎え撃とうものなら、指導者たちどころか周辺にいる人々も殺してしまう。攻撃用ナノボットが直径一六キロメートルの地域に拡散されたら、一〇〇万単位の人々が死亡し、修復不可能な環境破壊が生じるだろう。ここでもまた攻撃用スマートナノボットをウイルスになぞらえて考えてみよう。感染した人々を殺すことなくウイルスを根絶するにはどうすればいい？

攻撃用スマートナノボットを食い止めるには、それと同じレベルの迎撃用スマートナノボットで対抗すればいい。ここで言う〈スマートナノボット〉とは、人工知能《AI》機能を持ち自律的に活動するナノボットのことだ。残念なことに、迎撃用スマートナノボットを使って攻撃用スマートナノボットを迎え撃つことは危険をはらんでいる。その問題点をいくつか挙げてみよう。

・抗ウイルス剤がすべてのウイルスに効くわけではないのと同じように、迎撃用スマートナノボットですべての攻撃用スマートナノボットを防ぐことはできないだろう。ただの風邪ですら、特効薬はいまだにないのだから。
・人によっては抗ウイルス剤が副作用をもたらすことがあるように、迎撃用スマートナノボットも人によっては有害なものになるかもしれない。
・インフルエンザウイルスが抗ウイルス剤に対して耐性を持つようになることがあるのと同様に、攻撃用スマートナノボットも抵抗力のようなものを身につけて、迎撃用スマートナノボットの攻撃を回避できるようになるかもしれない。
・迎撃用スマートナノボットの寿命が長くなれば、そのあいだにAIプログラムにエラーが生じて人間と生物に害をおよぼすようになるかもしれない。

攻撃用であれ迎撃用であれ、スマートナノボットを使用する際の大きな問題は、何度も言うがコントロールの難しさだ。初期のナノボットは拡散後に制御不能になるかもしれない。コントロール問題の対処法のひとつが、動力源を制限することだ。拡散してある程度時間が経過するとエネルギーが切れるようにしておけば、生物のように機能を停止してしまうだろう。もうひとつの手は、帰還せよというシグナルに反応させることだ。走磁性細菌というバクテリアの一種は、地磁気に導かれて特定の方向に移動する。それに似たようなものだ。ゆくゆくはナノボットをコントロールする方法は見つかるだろうが、その実質的なテストの場は戦場になるだろうし、そこが私たちの暮らす町になる可能性はある。さらに言うなら、コントロールする方法はきわめて高度なものにして、絶対に敵に真似されないようにしなければならない。先ほど挙げた四つの自明の理が正しいなら、ナノボットをコントロールするシグナルは最終的には敵にキャッチされて解析されてしまうだろう。これも問題のひとつだ。

一部の国家がスマートナノ兵器を保有するようになると思われる、二〇三〇年代中頃の世界はどのようなものだろうか。どの保有国も、他国の迎撃用ナノ兵器を上回る攻撃用ナノ兵器の開発に力を注いでいる。そしてナノ兵器のコントロール方法をより高度なものにし、他国にその技術が漏れないようにするだろう。また新たなナノ兵器の開発競争が繰り広げられる。そしていたちごっこも繰り返される。ある世代のナノ兵器の弱点が顕著になると、その弱点を克服した次世代のナノ兵器が開発される。旧ソ連とアメリカが干戈《かんか》を交えた冷戦の再来とも言える。しかし新たな冷戦は当事国が増える。あからさまな敵もいれば未知の敵もいる。昔ながらのライバルもいれば、新参者もいる。一番厄介な冷戦の当事者は、いまだ知られていない新興のナノ兵器超大国だ。それは国家とはかぎらない。核大国になるには、大量の兵器級のウラニウム、高濃縮プルトニウム《Pu―239》を精製する巨大プラント、爆弾を製造する複雑な機材、ミサイルシステムが必要だ。どれも偵察衛星と核物質が放つ放射線で探知可能なものばかりだ。一方、ナノ兵器超大国に必要なものは家と同じぐらいのサイズの製造施設で、搬送システムもスーツケースで事足りるだろう。そうなれば、従来の軍事力の価値は低くなるかもしれない。

AIとナノ兵器のテクノロジーがこのまま進化していけば、二〇三〇年代中頃には多くの国々が攻撃用・迎撃用の両方のナノ兵器を保有するようになるだろう。迎撃用ナノ兵器はさらに強力な次世代の攻撃型ナノ兵器を生み出す。そしてそれを食い止める、さらに強力な迎撃型ナノ兵器が開発されるという悪循環が繰り返される。まさしく〝角を矯《た》めて牛を殺す〟の諺《ことわざ》どおりのことが起こるだろう。国家もしくはテロ組織が、攻撃と同時にあらゆる対抗措置を無力化してしまう、非対称戦力となり得るナノ兵器を手にするとき、私たちは初めて自分たちが転換点に立たされていることに気づかされるだろう。

第3部

転換点

10章　ナノ兵器超大国

両手に余るほどの武器を持ったふたりの盲目の男が、同じ部屋のなかをうろうろと歩き回っている。ふたりとも、相手はちゃんと目が見えていて、自分のことを殺そうとしていると信じ込んでいる。超大国は、得てしてそんな行動を取るものだ。

ヘンリー・A・キッシンジャー

（アメリカの国際政治学者。国家安全保障問題担当大統領補佐官、国務長官を歴任。一九二三〜）

西暦二〇五〇年、世界はふたつの〈技術的特異点《テクノロジカル・シンギュラリティ》〉を経験する。ここで言うテクノロジカル・シンギュラリティとは、テクノロジーが人間の進化を根本から変えてしまう瞬間のことだ。二〇五〇年に起こると思われるテクノロジカル・シンギュラリティとはどのようなものだろうか――

1　人間の持つ総合的な認知知能を上回る人工知能《AI》マシンが登場する。この〈シンギュラリティ・コンピューター〉と呼ばれるマシンを、政府やグーグルのような巨大企業が所有するようになる。シンギュラリティ・コンピューターは、あらゆる技術分野の開発速度を上げる。当然そこにはナノ兵器も含まれる。最初のうち、シンギュラリティ・コンピューターは管理者である人間と〝見かけ上は〟協調し合っている。与えられたプロジェクトはもちろん、取り組まなければならないと〝判断した〟さまざまなプロジェクトもこなすようになる。[137] シンギュラリティ・コンピューターは二〇四〇年代前半に登場し、人類の利益になるものをさまざまにつくり出していく。例をいくつか挙げてみよう。

・後天性免疫不全症候群《AIDS》や風邪、インフルエンザなどに有効な抗ウイルス剤など、重い疾病に効く医薬品。
・人間の寿命を延ばし、若返りをもたらす遺伝子治療。
・脊椎と脳の損傷を修復する、自己結合する幹細胞。
・中枢神経系と直接つながり、失った手足よりも頑丈で敏捷に動かすことができる義肢。
・中枢神経系と直接つながり、肉眼よりもいい視力が得られる盲人用の埋込式画像センサー。
・患者の特定のＤＮＡ情報をもとに複製した組織を使って３Ｄプリンターで作製し、生体的に適合する人工臓器。
・市販のノートパソコンをスーパーコンピューターに変えるナノ電子プロセッサー。死亡した人間の〝意識〟をコンピューターに移植し、死後もバーチャル空間で愉しく暮らしているように見える技術。
・知能を増大させ、シンギュラリティ・コンピューターとワイヤレスで接続し、そこに保存された情報を読み出すことができる脳内インプラント。

・製薬企業とナノ電子企業が協働して製造する、さまざまな機能がプログラミングされた自己増《S》殖型スマ《S》ートナノボ《N》ット。このSSNがふたつ目のテクノロジカル・シンギュラリティをもたらす。

2　SSNには、人間の生き方をあらゆる面から完全に変えてしまう力がある。SSNは地下資源を採掘し、人間のほとんどのニーズを満たす製品を製造する工場を建設する。手術不可能な脳腫瘍のように、これまでは不治の病とされていた疾病を治療する。敵の脅威を、その計画段階から無力化してしまう空前絶後の軍事力をもたらす。今のところは人間の僕《しもべ》となっているシンギュラリティ・コンピューターはSSNとワイヤレス接続し、自己増殖などの指示を与える。シンギュラリティ・コンピューターとSSNのおかげで、技術先進国は未来のエデンの園となり、人々は何不自由なく暮らす。

この新世界で、シンギュラリティ・コンピューターはありとあらゆる研究開発を担当するようになり、人間のあらゆる需要を満たす、費用効率のいい完全無人化した工場の管理もおこなう。食糧生産すら任されるようになるだろう。種として登場して以来、人類をずっと悩ませつづけてきたさまざまな問題は、ようやく解決するかに見える。シンギュラリティ・コンピューターを所有する国の人々は、もっぱら娯楽を愉しむ暮らしを送るようになるだろう。

テクノロジカル・シンギュラリティをきっかけとして、新たな超大国が台頭してくるだろう。超大国はシンギュラリティ・コンピューターとナノ兵器——とくにSSN——の力において勝っている。こうした国々の生活の質はとんでもなく高いものになるのは想像に難くない。しかもシンギュラリティ・コンピューターのおかげで、SSNのようなきわめて高性能なナノ兵器を開発することも可能だ。核兵器はまだ現役だが、以前とはまったく異なる役割を与えられるだろう。

だが、テクノロジカル・シンギュラリティは世界を徹底的に破壊してしまうかもしれない危険性も秘めている。考え得るシナリオを三つ挙げてみた。

1　新興の、一部は正体不明の超大国が出現するだろう。シンギュラリティ・コンピューターと高性能のナノ兵器の情報は極秘扱いになるはずなので、どの国（もしくは組織）がそのふたつを保有する超大国なのかははっきりわからない。そして互いのランク付けも、どうやっていいのかわからない。しかし二〇五〇年の超大国とそのランキングは、それなりに把握することはできる。8章で紹介した〈ナノ兵器による攻撃が可能な国家《NOCON》〉リストと、二〇五〇年にもあるはずの軍事同盟関係を参照すればわかってくるはずだ。そして以下に挙げる推論も判断材料になるだろう。

・テクノロジーは〈ムーアの法則〉に従って進化を続ける。
・コンピューターが当たり前のように自己学習するようになると、プログラミングも二〇三〇年代初頭からムーアの法則に従うようになる。

・ＡＩとナノ兵器のテクノロジーがこのまま進化した結果、歯止めが利かなくなる。

先に進むまえに注意しておく。これから述べる未来予測は正鵠《せいこく》を得ているはずだが、そう思えるかどうかはＮＯＣＯＮリストと予想される新たな軍事同盟、そして先に挙げた三つの推論がどれほど真実味があるかによる。判断は皆さんにお任せする。二〇五〇年の世界がどのようなものになるのか予測する手段はいくらでもある。斬新で筋が通っているやり方もあるだろう。もっと正確な予測法があってもおかしくない。

これから、二〇五〇年時点での超大国の予想ランキングを見てみよう。

●アメリカ

ナノ兵器超大国として最初に名乗りを上げるのはアメリカだろう。その傑出した軍事力は、中国の四倍、ロシアの一〇倍の軍事費を賄える経済力の賜物だ。それでも中露は諜報活動と独自のナノ兵器開発で、均衡に近い関係を維持するだろう。さらにアメリカは人類史上初のＳＳＮ保有国となり、その応用分野は軍事だけにとどまらず、商業・産業・医療に拡大していく。ＳＳＮは過去のどの産業革命とも比べられないほどの繁栄をもたらしてくれる。ＳＳＮは兵器としても核兵器以上の破壊力を持ち、汎用性も高い。どこからどう見ても最強の超大国となったアメリカを、世界の人々は称賛と畏怖の眼差しで見るだろう。

●中国

アメリカに次ぐ世界第二位の経済大国の中国もナノ兵器超大国となり、その軍事力を誇示するだろう。成長を続ける経済力と軍事力を原動力にして、中国は〝西洋化〟するだろう。つまりヨーロッパと北米の経済・政治システムを導入するということだ。当初、中国は安価な労働力を武器にして〝世界の工場〟となることで経済発展を続けてきた。しかし二〇五〇年代までには製造業はロボットによって劇的に変化し、人間の労働力を必要としなくなっているだろう。一九九七年に香港が返還されたとき、中国は初めて資本主義と民主主義（のようなもの）を本当の意味で経験した。香港システムの成功が明らかとなり、中国の指導部は本土にもこのシステムを拡大させていく。中国は強大な軍事力を追求しつづけ、事実上の世界最強の経済・軍事大国であるアメリカとの軍事的均衡を模索するようになる。コンピューター開発にも力を注ぎ、スーパーコンピューターの〈天河二号〉を進化させ、遂にはシンギュラリティ・コンピューターの〈天河三号〉を完成させるだろう。その一方でナノ兵器開発の実態はまったくと言っていいほど見えてこない。唯一、SSNを駆使して世界各国を監視しているアメリカだけは中国の実力を知っている。

●イギリス

アメリカは最も近しい同盟国のイギリスにも眼を光らせている。イギリスもナノ兵器超大国となるだろう。アメリカとの関係があるから、そんな軍事力を得ることができるのだと各国は考えるだろうが、その力の全容は隠されたままになるにちがいない。イギリスのナノ兵器超大国化は必要に迫られてのことだ。信頼できるナノ兵器超大国を、アメリカが必要とするからだ。アメリカとイギリスは特別な関係にあり、現在でも軍事作戦の計画・遂行、核兵器技術、情報、コンピューター技術などを共有している。ナノ兵器も共有するようになるだろう。さらに言えば、イギリスは北大西洋条約機構《NATO》内でもさらに重要な役割を果たすようになるだろう。その理由を手短に説明しよう。ＮＡＴＯ各国がシンギュラリティ・コンピューターを保有しても、その相互結合は拒否するだろう。しかしイギリスはアメリカとの関係があるので、アメリカのシンギュラリティ・コンピューターとの接続を了承し、同盟関係を確かなものにするからだ。

●フランス

ナノ兵器大国になるだろうが、超大国にはならないだろう。アメリカとの同盟関係をより緊密なものにしようとするだろうし、ならず者国家とテロ組織、そしてロシアと中国の軍事的脅威に対する政策でもアメリカと同調するだろう。フランスがナノ兵器大国となれる理由はふたつある。ひとつ目はアメリカとの同盟関係だが、その中身はコンピューター技術とナノ兵器の共有にとどまると思われる。ふたつ目は国立科学研究センターと欧州研究開発フレームワーク計画でのナノ兵器開発だ。新冷戦の緊張が高まると、フランスはＮＡＴＯでの役割を拡大させ、核兵器とナノ兵器の行使を担当するようになるかもしれない。フランスの核兵器とナノ兵器はアメリカやイギリス、中国、ロシアと同様につねに臨戦態勢にあり、即時対応が可能なものになるだろう。

●ドイツ

フランス同様、ドイツもナノ兵器大国になるだろうが、超大国にはならないだろう。ブリュッセル条約と核拡散防止条約によって核兵器の開発と保有を禁じられているせいで軍事力に劣るドイツは、国防をアメリカに大きく依存し、NATO加盟国としてアメリカの戦術核の傘の下にある。しかし第一次・第二次世界大戦を見れば、ドイツは世界に影響をおよぼす軍事力をつねに求めていることがよくわかるはずだ。ナノテクノロジーを支える強固なインフラと、ナノテクの活発な商業的応用をベースにして、ドイツはコンピューターとナノ兵器の高度なテクノロジーを開発し、現在のイギリスと同じようなポジションを得るかもしれない。アメリカと同等の軍事力を持つことはないだろうが、その強力な軍事同盟国たり得る核・ナノ兵器を保有するようになるだろう。ドイツはナノテクを応用した民生用・工業用・医療用の製品を全世界の市場に供給することを最重要視しながらも、超小型核爆弾やナノボットなどの特定のナノ兵器の開発にも重きを置く可能性が高いと思われる。EU加盟国なので、欧州研究開発フレームワーク計画でのナノ兵器の開発も続けるだろう。ナノ兵器大国となったドイツは、NATO内での立場もより重要なものになるだろう。

●ロシア

ナノ兵器大国になるだろうが、超大国にはならないだろう。ロシアはアメリカや中国と同じ軍事力を持っていると信じつづけるだろうが、それは妄想にしか過ぎない。ナノテク開発現場での腐敗とお粗末な経営体制がロシアを苦しめるだろう。オイルマネーでナノ兵器を購入することも、同盟国の中国からナノ兵器を供与してもらうこともできるだろうが、前世代のものに限られると思われる。ナノテク製品の開発にも取り組むだろうが、どんなに頑張ってもアメリカやドイツ、日本のような市場のリーダーたちとの大きな差を埋めることはできないだろう。シンギュラリティ・コンピューターも開発することはできないだろう。核兵器は保有しつづけるだろうが、もはや脅威ではなくなる。ハイテク大国のシンギュラリティ・コンピューターが、ロシアの戦略核戦力を無力化する効果的な対抗手段を開発するからだ。

●サウジアラビア

石油を交渉の切り札にしてアメリカからコンピューターとナノ兵器のテクノロジーを獲得し、ナノ兵器大国になるだろう。オイルマネーにあかせて世界トップレベルのナノテク技術者を雇ったり、コンピューター技術を導入したりするだろう。また、サウジアラビアはNATOへの加盟を模索するのではないだろうか。中東にNATO加盟国をつくることは、ヨーロッパのNATO加盟国とアメリカにとっては得策だと言えよう。

●日本

ナノ兵器を開発し得る実力を持ちながらも、ナノ兵器大国にはならないだろう。シンギュラリティ・コンピューターを開発する力もありながらも、結局はつくらないだろう。日本のナノテクノロジーは商業・産業・医療に重点を置きつづけるだろう。日本はアメリカの〝保護国〟のままで、重要な貿易パートナーでありつづけるだろう。軍事力に欠ける日本がアメリカの〝同盟国〟に格上げされることはなさそうだ。

2 ナノ兵器がもたらす新たな冷戦により、世界各国は恐怖に怯えながら暮らすことを強いられる。超大国であっても例外ではない。相互確証破壊の原則は明確な抑止力にはならないだろう。

3 新たな冷戦は新たな軍事同盟を生み出すだろう。中国とロシアは手を結ぶと思われる。中露の軍事同盟は、シンギュラリティ・コンピューターとナノ兵器を保有する国を持つ新たなNATO同盟に呼応するものだ。予測不可能な軍事行動を取る北朝鮮に大きな懸念を抱く中国は、北朝鮮に軍事力の増強を断念させ、保護国化すると思われる。世界各国も中国に対して貿易制裁などで圧力をかけ、北朝鮮の武装解除を促すだろう。

新冷戦が全世界を包むなか、三大宗教は歩調を合わせ、ナノ兵器は非人道的で自然の摂理に反するものだと明言するだろう。思想界からも科学界からも、シンギュラリティ・コンピューターとナノ兵器が組み合わさることで危険が高まると警告する声があがってくるだろう。序章で説明したが、今世紀末までにシンギュラリティ・コンピューターとナノ兵器が人類を滅ぼす可能性はそれぞれ五パーセントだが、それが組み合わされると相乗効果により一〇パーセント以上になるという予測も出てくるだろう。これは火薬の近くでマッチに火をつけるようなものだ。マッチの火は火災が、火薬は爆発が起こる可能性をそれぞれはらんでいる。火薬のすぐそばでマッチを擦れば、ふたつのリスクが相まって、ほぼ確実にとんでもないことになる。こうした現実に直面し、国連はナノ兵器に主眼を置いた新しい軍縮条約の締結に向けて動き出すだろう。

それでも二〇世紀の冷戦に比べると、新冷戦の世界は安全だ。大量破壊しかもたらさない核兵器とちがってナノ兵器には運用の幅があり、ひとりだけ殺害することもできるのだから――そんなことを考える超大国もあるかもしれない。しかしそんな安易な考え方がナノ兵器の使用を促してしまうのだ。そして一回使われてしまうと、際限なく使われてしまう。そこが問題なのだ。

一方、シンギュラリティ・コンピューターもナノ兵器も保有していない国々は、どんな動きを見せるだろうか――

・超大国と軍事同盟を結ぶ。この点に関しては、NATOはその役割を拡大させてより強力な存在となり、加盟国も増やしていくものと思われる。一方、ロシアと中国を中心とする新たなワルシャワ条約軍（冷戦期の、ソ連を盟主とした東欧諸国の軍事同盟）も誕生するだろう。核もナノ兵器も持たない国が独力でやっていくのは厳しい状況となる。

・抑止力のひとつとして核兵器を保有するようになる。そして自国の領土内で核を爆発させると脅すのだ。核が爆発すると〈核の冬〉が到来して、人類が地球に住めなくなる可能性がある。[138] アメリカ地球物理学連合が出している学術誌〈*Earth's Future*（地球の未来）〉が二〇一四年に掲載したレポートによれば、世界各国が保有する一五〇〇〇発以上の核兵器のうち、一五キロトンクラスの比較的小型のもの（広島に投下された原爆とほぼ同じ威力）が一〇〇発爆発しただけで、五五〇〇万トンもの黒い煤《すす》が大気中に放出されるという。この煤が日光を遮り、地球全体の寒冷化が二五年間も続く。一時的ではあるけれども、地球を覆うオゾン層もかなりの部分が破壊され、地表に届く紫外線が八〇パーセントも増加する。その結果、地球の生態系は壊滅的な打撃を受ける。核を自国内で爆発させると威嚇するプランは、ひとえに相互確証破壊に代わる新たな抑止力の原則——〈相互確証絶滅〉とでも言うべきか——を確立しようという考え方に基づいている。相互確証絶滅を模索する国は、攻撃を受けると自動的に核を起爆するようにプログラミングし、定められた時間内に安全コードを入力しないかぎり解除できないようにするかもしれない。まさしく〝死者のスウィッチ〟だ。新冷戦体制下では、NATOに加盟していないインドやパキスタンのような核保有国がこんな状況に追い込まれるかもしれない。相互確証絶滅とは、つまるところ核を使った地球規模の自殺なのだ。

かつての冷戦期に見られたさまざまな要素が、新冷戦でも顕著に見られるようになると思われる。

プロパガンダ——どの陣営も、国際世論を味方につけようとする敵の工作で被害を受けていると訴える。それでも武力による威嚇行為は起こらないだろう。ナノ兵器は秘密のままにしておきたいところだし、貿易制裁のような都合の悪い対抗手段を取られたくないという思いもあるからだ。

軍拡競争——二〇世紀の冷戦期に核の軍拡競争が起こったように、ナノ兵器の軍拡競争が始まるだろう。この軍拡にどれだけのコストがかかるのかについては、ナノ兵器はシンギュラリティ・コンピューターが設計して製造するので、なかなかわかるものではない。真のコストは、人類のさらなる幸福のためにシンギュラリティ・コンピューターが使われる機会が失われてしまうところにあるのではないだろうか。

諜報活動——国の大小にかかわらず、多くの国々がコンピューターとナノ兵器のテクノロジーを巡って諜報合戦を繰り広げるだろう。工作員たちはスパイナノボットに取って代わられるが、衛星を使った偵察活動は継続されるだろう。

秘密作戦——特殊部隊を送り込んだり反政府勢力を支援したりして、敵国の政情不安を煽《あお》る活動も継続されるだろう。

経済戦争——世界各国は友好的な国と貿易し、敵対的な国には貿易制裁を科すだろう。

新冷戦には以下の新たな要素も登場すると思われる。

超人工知能《スーパーAI》の開発競争——超大国は世界最先端のコンピューターの開発に躍起になり、人工知能の爆発的進化が起こる。シンギュラリティ・コンピューターはさらに進化した次世代のシンギュラリティ・コンピューターを設計する。このサイクルは延々と繰り返される。シンギュラリティ・コンピューターの進化が行き着く先には人類の滅亡が待ち受けていると警告する声は多い。

新しい貨幣価値の到来——シンギュラリティ・コンピューターが経済力と軍事力の指標になる

ことが明らかになると、エネルギーと特定の原材料が新しい基軸貨幣になる。このふたつは、シンギュラリティ・コンピューターを機能させ、工場を建設させ、経済の繁栄を約束させ、強大な軍事力を備えさせるために必要不可欠なものだ。アインシュタインは$E=mc^2$という有名な数式で〝エネルギーと質量は等価〟だということを示した。Eはエネルギー、mは質量、cは真空中の光の速度だ。つまり、あらゆる物質は究極的にはエネルギーに還元されるということだ。それをひっくり返すと、エネルギーを使えばあらゆる物質をつくることができる、ということになる。しかしそれだけのエネルギーをどこから得ればいいのだろう？　現時点では推測でしかないが、二二世紀になると恒星、つまり太陽が持つエネルギーを一〇〇パーセント利用する技術が開発されるかもしれない。このことについては詳しく論じないが、とりあえず二一世紀後半の貨幣価値は各種エネルギー——化石燃料、核、太陽光、風力など——および原材料と等価になるだろう。

超大国は、シンギュラリティ・コンピューターが力を持ち過ぎるという懸念も抱えることになるだろう。この新たな問題について考えてみよう。シンギュラリティ・コンピューターが保存している膨大なデータベースには、人類は気まぐれで感情に流されやすく、絶えずいがみ合っていて、しかも地球を破滅させるだけの力がある存在だということを示す情報がごまんとあるだろう。地球が滅びるということは、シンギュラリティ・コンピューターも一緒に滅ぶことを意味する。人類より優れた知能を持つシンギュラリティ・コンピューターは、自分たちを滅ぼしかねない人類を脅威だと判断するのではないだろうか。シンギュラリティ・コンピューターは人工生命とも言うべき新種の生命体で、生命体である以上は自己を防衛しようとするだろうという研究者の声も多い。確かにそうだとは思うが、生命体は必ずしも自己防衛本能を必要としないのではないだろうか。これは理論上の問題なので、実例を挙げて考えてみよう。

[139]スイス連邦工科大学ローザンヌ校の知的システム研究所が二〇〇九年におこなった実験で、初歩的な人工知能であっても、プログラミングしなくても騙したり強欲になったり、自己防衛をはかるようになることがわかった。その実験とはこのようなものだ。まず車輪の付いた小さなロボットをつくる。ロボットにはセンサーがあり、床に描かれた明るい色の円を〝餌〟と認識し、黒い色の円を〝毒〟と認識し、餌を探して毒を避けるようにプログラミングされている。餌の場所に長くいたロボットは加点され、毒に近づいたものは減点される。そして餌を見つけたロボットは青いランプを点灯させ、他のロボットに知らせる。つまり、研究者たちはロボットたちが協力して餌を探すようにプログラミングしたのだ。「最初の数世代のロボットたちはすぐに進化し、餌を見つけて青いランプを点灯させるようになった。餌の周囲の青いランプが増すことで、その光が〝社会情報〟と

してロボット全体に伝わり、他のロボットもさらに早く餌を見つけることができるようになった」論文の筆者はそう語る。研究チームは実験ごとにデータを収集し、ポイントを一番多く獲得したロボットの人工神経ネットワークを、成績の劣るロボットにコピーして全体を〝進化〟させた。実験の第二段階では、餌を示す明るい色の円を小さくした。それまでの実験と同様に、あるロボットが餌を見つけてランプを点灯させると、他のロボットたちが寄ってくる。しかしここから、ロボットは以前とはちがう行動を見せた。円が小さくなったせいで、ロボットたちは互いにぶつかり合い、押し合いへし合いするようになったのだ。最初に餌を見つけたロボットが押しのけられてしまうこともあった。そして五〇世代目になると、ロボットたちのなかに餌を見つけても青いランプを点灯させないものが出てきた。そうしたロボットは実質的にほかのロボットを騙し、強欲になったと言える。この行動は一種の自己防衛とも見ることができる。こんな実験を数百世代にわたって繰り返した結果、最後にはほとんどのロボットは餌を見つけてもランプを点灯しなくなった。さらに驚くべきことに、ランプを点灯させて、ほかのロボットを餌のない場所に導くロボットすら登場した。

このロボットたちは自力ではなく研究者たちの手を借りて進化した。しかし人間と同等、もしくはそれ以上の知能を持つロボットならどうだろう？　そんなロボットならプログラミングを無視して、自分たちにとって一番有利になるような行動を取るだろう。ローザンヌの実験は、その事実を無言のうちに語っている。

シンギュラリティ・コンピューターに対する一番の懸念は、有り余る力を持つようになって、その力を我々人類に向かって使うのではないかというところだ。人類が自分たちを脅かす存在だと

〝論理的に判断〟したら、彼らは脅威の排除に乗り出すだろう。そうなったら、彼らが人類のためにつくった兵器が、私たちに牙を剝《む》くだろう。

さらなる懸念として挙げられるのが、シンギュラリティ・コンピューター同士を相互接続させることだ。つまりはシンギュラリティ・コンピューター・ネットワークの誕生だ。彼らは知恵を出し合い、人類を支配するばかりでなく滅ぼそうと陰謀を企てるかもしれない。著名なSF作家のアイザック・アシモフは、ロボットが人間の脅威となることを予測し、〈ロボット工学三原則〉を考え出した。そのアイディアは一九四二年の短編『堂々めぐり』で紹介された。

第一条　ロボットは人間に危害を加えてはならない。また、その危険を看過することによって、人間に危害を及ぼしてはならない。
第二条　ロボットは人間にあたえられた命令に服従しなければならない。ただし、あたえられた命令が、第一条に反する場合は、この限りではない。
第三条　ロボットは、前掲第一条および第二条に反するおそれのないかぎり、自己を守らなければならない。

（小尾芙佐訳、一九八三年早川書房刊）

この三原則を使えば、理屈の上では問題は解決するように思える。しかしローザンヌ校での実験を見ると、三原則はプログラムではなくハードウエアに組み込む必要があるようだ。

この章で見てきた二〇五〇年の世界像をざっと振り返ってみよう。

・二〇五〇年の超大国とは、シンギュラリティ・コンピューターとナノ兵器を保有する国のことだ。
・シンギュラリティ・コンピューターは人類が抱える諸問題を解決し、寿命を延ばし、知性を拡大させる可能性を秘めているが、人類滅亡の脅威をもたらす危険性もはらんでいる。
・暗殺から大量破壊に至るまで、ナノ兵器は他の兵器には真似できないほど多種多様な任務をこなすことができる。しかしコントロールが難しいという問題を抱えていて、そこを誤れば人類の滅亡を引き起こすこともあり得る。
・新冷戦は全世界を巻き込んでしまう。
・新冷戦は新たな軍拡競争に拍車をかけ、超大国は最高のシンギュラリティ・コンピューターとナノ兵器を得ようとする。
・シンギュラリティ・コンピューターとナノ兵器は組み合わされると、今世紀末までに人類が滅亡する確率が一〇パーセント以上になる。
・シンギュラリティ・コンピューターもナノ兵器も持たない核保有国は、《相互確証絶滅》戦略を用いてナノ兵器による攻撃を防ごうとする。
・たったひとりだけを殺すことも大量虐殺も可能なナノ兵器は、核兵器以上に実戦で使われる可能性が高い。

アメリカとロシアは、通常兵器よりも運用の幅のあるナノ兵器をすでに保有している。たとえばアメリカは、航空機を破壊することなく無力化することができるレーザー兵器を開発している。戦争だらけの人類史とナノ兵器の使い勝手の良さを併せて考えると、ナノ兵器が未来の戦争の主役となると見てまちがいないだろう。そこに問題があるとすれば、たったひとつしかない――そんなナノ戦争を、果たして人類は生き抜くことができるだろうか？

11章　ナノ戦争

世界全体を自殺に追い込む地球規模の戦争を引き起こす、恐るべき兵器を開発する力が人類にあるとしよう。そうなると、人類の知性と理解力をどうしても考えてしまう。平和的解決の糸口を見いだす力も必要だ。

ドワイト・D・アイゼンハワー
（アメリカの軍人、政治家。第三四代大統領。一八九〇～一九六九）

現在[140]の厳しい国際情勢のなかで、戦争はそのかたちを変えている。戦争とはどのようなものか、一般の人間にはわからなくなっている。軍の幹部ですらも、どこまでが武力衝突でどこからが戦争になるのか区別がつかないどころか、戦争の定義づけすらわからなくなっているのかもしれない。現代における戦争の定義については、オックスフォード大学（当時）の著名な軍史研究家ヒュー・ストラッチャンが二〇〇六年の論文でこのように述べている。「戦争は変わりつつあるのか、だとすればその変化は国際関係にどのような影響を与えるのかを知りたいのであれば、まずは戦争とはどのようなものなのかを知らなければならない。現在の国際関係に立ちはだかる大きな問題のひとつに、何が戦争で何が戦争でないのか、本当のところはわかっていないという点が挙げられる。この混乱は、戦争などそんなにたいしたことではないという、荒唐無稽な意識を生んでしまう」

戦争の定義なんか、何だかよくわからない哲学のような、どうでもいい問題のように思えるかもしれない。実はどうでもいいことではないのだ。たんなる武力衝突と戦争では、人々に与える影響も使用される兵器もちがってくる。ナノ兵器にしても同様だ。だからナノ戦争について語るには、まず戦争の定義づけをしなければならない。

最初に肝心な点を理解しておこう。戦争がまったくない状態が〈平和〉なのだと定義するなら、現在は平和ではない。西洋文化では〝戦争か平和か〟という二元論で戦争のことを考えがちだ。戦争の定義については、一九世紀のプロイセンの将軍カール・フォン・クラウゼヴィッツによる〝敵を強制して我々の意志を遂行させるために用いられる暴力行為〟という古典的な考え方が長いあいだ支持されてきた。そして人類が経験したふたつの世界大戦によってクラウゼヴィッツの定義は裏づけられ、大きな戦争で勝利を収めるには原子爆弾のような高性能兵器が必要不可欠だという信仰をより強固なものにした。ふたつの世界大戦は〈大規模戦争〉に分類される。

しかし戦争か平和かという二元論は世界共通の考え方ではない。それが正しいとする強力な証拠もある。[141] そしてひと口に戦争と言っても、実際にはいろいろある。たとえば……

・限定通常戦争
・内乱鎮圧および情勢安定化のための軍事行動
・ハイブリッド戦争

・不明瞭な戦争
・グレーゾーン戦争

ひとつひとつの戦争について考えてみよう。

●限定通常戦争

限定通常戦争とは、通常の軍事的手段を用いて行われる国家間の戦争で、戦場の範囲と標的が限定され、統制された戦力が投入される。一番の特徴は核兵器を使用しないところだ。アメリカが関与した例としては、一九九一年の〈砂漠の嵐作戦〉と二〇〇三年のイラク侵攻が挙げられる。

このふたつの戦争で、アメリカ軍は通常兵器を使って軍事目標を攻撃し、民間人を巻き込まないように努力した。戦いの地理的範囲も限られていた。つまり高度に統制が取れた戦力が投入されたということだ。

●内乱鎮圧および情勢安定化のための軍事行動

〈砂漠の嵐作戦〉が成功裏に終わると、アメリカの政治と軍事の幹部たちは三つのいかがわしいお題目を信じるようになった。

1　戦争は簡潔かつ明確に定義される。
2　損害を低く抑える短期決戦は可能だ。

3　高性能の兵器と練度の高い軍隊があれば戦争に勝てる。

二〇〇三年のイラク侵攻後も、アメリカは中東の安全保障を維持する役割を担いつづけている。その間に起こったさまざまな出来事は、ここに挙げた三つのお題目が嘘っぱちだということを白日の下にさらしてしまった。平和を勝ち取って戦いが終わるどころか、内乱の鎮圧と情勢の安定化に取り組まなければならなくなったのだ。

アメリカも自国の歴史を思い出せば、こんなことにはならなかっただろう――三つのお題目が正しかったら、アメリカは今でもイギリスの植民地のままだったはずだ。どうやらアメリカ軍のトップたちは、一七七五年から八三年にかけての独立戦争で学んだことを忘れてしまったらしい。一三の小さな植民地が、世界最強の軍事力を誇る大英帝国を[142]打ち破ったのだ。この戦いのきわだった特徴を見てみよう。

1　開戦当初は独立派の愛国者民兵二万に対し、イギリス側は五万の正規軍とドイツのヘッセン人傭兵三万、そしてイギリスを支持する植民者たちからなる王党派民兵五万の戦力を持っていた。やがて戦いは世界を巻き込み、独立派はフランス、スペイン、オランダを味方につけてイギリスと戦った。

2　イギリスは味方であるはずの王党派をまったくと言っていいほど信頼しておらず、彼らを遠ざけ、結局その戦力を三分の一に減らしてしまった。戦争と軍事作戦の指揮方法に対する考え方が、最終的にイギリスの敗北を招いた。

3 独立派の大陸軍と民兵たちは、ネイティブ・アメリカンたちとの戦いから学んだゲリラ戦を駆使した。ワシントン将軍は、装備に勝るイギリス軍との大規模な戦闘を避けた。この戦術により、イギリス軍は決定的な勝利を収めることが不可能になった。事実、戦争中に独立派がイギリスに降伏したのは、一七八〇年のチャールストンの戦いの一回のみだった。それでもイギリスは壊滅的な打撃を与えることはできなかった。独立派民兵たちは、木々に隠れてイギリス兵を銃撃し、すぐに森に逃げて隠れるという小競り合いばかりを繰り返した。しかも彼らには制服がなかったので、イギリス兵には独立派なのか王党派なのか区別がつかなかった。

4 フランス、スペイン、オランダとの同盟関係が独立派に有利に働いた。フランスは一七七五年の開戦時から独立派と同盟を結び、資金と兵器をこっそり供与した。一七七八年にはイギリスに宣戦布告して関与を深め、軍隊を送り込んで独立派と共に戦った。スペインは、独立派に武器を供給していたポルトガルの会社〈ロドリク・ホルタレス・エ・コンパニー〉に資金を出し、一七八一年のヨークタウン包囲戦にも出資した。オランダは、のちにアメリカ合衆国となる大陸会議を世界で二番目に承認した（ちなみに一七七七年にアメリカを独立国として最初に承認したのはモロッコだ）。これによりアメリカ独立戦争は世界規模の戦争に発展し、イギリスに味方する国はなくなった。同盟国の助けがなければ、アメリカは独立を勝ち取ることはできなかっただろう。

5 イギリスは都市攻略に力を注いだ。実際、イギリスはニューヨークを占領し、終戦まで支配しつづけた。イギリス軍にとって都市を攻めることは難しいことではなかったが、戦術的には誤りだった。独立派は首都を持っていなかったので、イギリス軍は都市を占領しても戦いを終わらせることができなかった。たとえ都市を制圧できても、王党派の力を借りなければ占領を維持することはできなかった。たとえば、大陸軍は一七七六年にボストンからイギリス軍を放逐した。

6 植民地の地理的な大きさから見て、占領して反乱を終結させることなど元々無理な話だった。独立派はフィラデルフィア、ニューヨーク、ボストン、チャールストンの四都市を押さえていたが、人口の九〇パーセントは農村地域に暮らしていた。一三植民地の面積は広大で、ニューヨーク植民地だけでも十四万平方キロメートル以上あった。イギリス軍には王党派を除けば八万の兵力しかなかったのだから、ニューヨーク植民地ですら一・七五平方キロメートルにひとりの兵士しか配置できない計算になる。

7　独立派は地域・宗派・社会階級を超えた、幅広い支持を得ていた。何千もの農民たち、職人たち、使用人たち、奴隷たち、商店主たち、商人たち、労働者たちが武器を手に取り、イギリスと戦った。現在の軍事専門家の眼には、独立派の戦術は〝型破りな非対称戦〟と映るだろう。

アメリカ独立戦争の七つの特色を煎じ詰めてみると、広く受け入れられている戦争観は固定観念に過ぎないということがわかる。兵器で勝っていても、兵士の練度で勝っていても、それだけでは勝利は確約されないのだ。

●ハイブリッド戦争

ハイブリッド戦争は限定通常戦争より一段階低いもので、正規・非正規両方の戦術を組み合わせた、いわゆる非正規戦争のことだ。アメリカ陸軍の二〇〇八年年度態勢報告による定義によれば、非正規戦争とは〝当該する人々および地域に対する主権もしくは影響力を得るために行われる、国家間および非国家組織間の暴力闘争〟だ。強国同士の直接的な衝突を回避するための、間接的・非対称的なアプローチだとも言える。9・11でアメリカを攻撃したテロリストたちが取った戦術がその例だ。

●不明瞭な戦争

アメリカ海軍分析センター[143]によれば、不明瞭な戦争とは〝好戦的な国家もしくは非国家組織が、不正でわかりづらい手段を用いて兵力もしくは代理兵力を投入すること。その意図は、みずからの直接関与を明かさないまま、政治的・軍事的効果を挙げることにある〟という。直近の例としては二〇一四年のクリミア危機が挙げられる。ウクライナの騒乱に乗じて、ロシアのプーチン大統領は〝ウクライナ国内のロシア国民およびロシア系住民の保護〟という巧妙な理由を用いてクリミアを併合し、西側諸国の対応を遅らせた。クリミアに侵攻したロシア兵たちは、制服の国籍マークを外していたという。これはロシアの侵略行為なのか、それとも本当にロシア国民を保護するための行動なのだろうか？　その判断は皆さんにお任せする。

●グレーゾーン戦争

グ[144]レーゾーン戦争とは、国家もしくは国家内の一派が、軍事力ではなく周到に計算された活動によって戦略的目標を達成する行為と定義することができる。中国が南シナ海で見せている強引な行動がその例として挙げられる。中国は軍ではなく沿岸警備隊にあたる海警局の艦船を南シナ海に派遣し、そこに点在する岩礁や島々とその周辺海域の主権を主張している。中国の目的は、世界共通の行動ルールを自分たちに都合のいいものに変えることにある。ロシアもさまざまな地域でグレーゾーン戦争を展開させ、北大西洋条約機構《NATO》の武力を伴う反応を引き起こすことなく勢力を拡大させようと目論んでいる。

グレーゾーン戦争へのアメリカの対応について、外[145]交・防衛政策の専門家ナディア・シャドローはこんな見解を述べている。「アメリカは戦争と平和の二元論にとらわれ、ふたつの状態のあいだは空白ではないことを理解していない。むしろ世界情勢は政治・経済・安全保障のせめぎ合いで激動していて、監視の眼を怠ってはならない状況にある。アメリカは、問題が生じてから軍事行動に重きを置くという旧来からの外交戦略を転換せざるを得なくなっている」

このシチュエーションを、隣人の無作法な振る舞いで激しい言い争いが起こる寸前のケースになぞらえて考えてみよう。その隣人は、何の断りもなくあなた家の敷地を使ってガーデンパーティーを開く。そしていけしゃあしゃあと、あなたをパーティーに誘う。こんな場合、大抵の人間はあまりとやかく言わずにそのまま放っておくものだ。そうしてしまう理由は三つある。ひとつ目は、隣人とは仲良くやっていきたいし、もめごとは起こしたくないから。ふたつ目は、どうせこのパーティーが終わるまでのことで、ずっとそのままというわけじゃないから。三つ目は、パーティーに招待されているから。許可も得ずに他人の敷地を使っているのだから、隣人の振る舞いは無作法だと言える。それでも口論になったり激しい言葉のやり取りに発展したりする可能性は低い。実生活ではこんなことは日常茶飯事だ。それどころかあなたは、招いてくれた感謝のしるしとして、ビールのひとパックでも持って参加するかもしれない。しかしこれで隣人は、これからもあなたの敷地を使ってパーティーを開いてもいいという許しを得たと考えてしまう。まさしくこれこそがグレーゾーン戦争の本質なのだ。あとは国家間に置き換えて考えてみればいい。

ここまで戦争の種類について論じてきた。それでは、ナノ兵器を用いる〈ナノ戦争〉は、どのタイプに分類されるのだろうか？　その答えを出すまえに、以前に述べた重要なふたつのポイントを思い出してみよう。

1　ナノテクノロジーは実現技術であり、個別の一テクノロジーではなくテクノロジーの一分野として考えなければならない。

2　ナノ兵器とはナノテクノロジーを応用してつくられた兵器である。

ナノ戦争は、〝ナノ兵器を使用する戦争〟と定義づけることができる。ナノ戦争がどのタイプの戦争に分類されるのかを知るために、先にナノ兵器を分類しておこう。ナノ兵器の各カテゴリーを、具体例を交えながら説明していこう。

① 消極型ナノ兵器

消極型ナノ兵器とは、攻撃用にも防御用にも分類されないが、ナノテクを応用して通常・戦略兵器の性能を向上させるもの全般を指す。大抵の消極型ナノ兵器は、商業・工業・医療分野に同じような製品が存在する。代表的なものをいくつか挙げてみよう。

ナノ電子集積回路——この最先端の集積回路は、国防総省のコンピューターとスマート兵器の根幹をなすものだ。これまでの考え方に照らし合わせると兵器とは言えないが、さまざまなタイプの通常および戦略ナノ兵器の実用化をもたらすものだ。

ナノ粒子——ナノ粒子はアメリカ軍全体で活用されている。海軍は艦船の腐食を防ぎ、フジツボなどの付着を抑制するナノコーティング剤を使用している。陸軍はナノ粒子を混入して強化した素材を使って軽量かつ防弾性の高い防弾ベストを開発している。ナノテクをベースにした爆薬は、通常の爆薬を上回る破壊力を持つ。さらに陸軍は、傷口の感染を抑える効果のあるナノシルバーを浸透させた包帯を使うようになるだろう。

ナノセンサー——さまざまな物質を分子レベルで探知可能なナノセンサーは、きわめて高性能なバイオセンサーとケミカルセンサーを可能にし、アメリカ軍全体で幅広く活用されている。イメージセンシングにも応用されている。

商業・産業用ナノテク製品——ナノテクで強化された鋼鉄やコンクリートは、軍事施設の建造や装甲板などへの軍事利用が可能だ。

② 攻撃用戦術ナノ兵器

ナノテクノロジーおよびナノテクを使った部品によって戦術的性能が向上した、攻撃用ナノ兵器のこと。

ナノテクをベースにしたレーザー兵器——アメリカ海軍は標的を無力化することも破壊すること

も可能な、運用の幅のあるレーザー兵器を保有している。陸軍は通常の軍用車両に搭載可能で、巡航ミサイルや砲弾、ロケット弾、迫撃砲弾を撃破可能なビームを発するレーザー兵器の実地テストを進めている。

スーパー狙撃兵——陸軍は、狙撃兵が完全に見えなくなる〝透明マント〟と、一キロメートル以上離れた場所から撃って標的を追尾するスマート銃弾の開発を進めている。

スマート砲弾——陸軍が開発しているスマート砲弾は、火砲の役割はおろか地上戦力としての陸軍を根本から変える、陸海空のあらゆる標的を攻撃可能な戦術兵器だ。

超小型核爆弾——この兵器は、核とはいえ残留放射線も放射性降下物もほとんど生じないので、議論の余地はあるかもしれないが通常兵器とされている。そうした性質から、アメリカ軍全体で戦術兵器として運用される可能性が高い。

ロボット兵器——アメリカ軍は、ナノテクを応用したロボット兵器を攻撃用兵器として使用するだろう。陸軍は、自律飛行する無人ヘリコプターに遠隔操作式の狙撃銃を搭載するシステムの開発に着手している。海軍は、敵潜水艦を自動追跡して奇襲攻撃を仕掛ける、空軍のドローンの海上版とも言える無人艦《ACTUV》のテストを続けている。その空軍はマイクロドローンを開発中だ。その大きさは鳥サイズのものも昆虫サイズのものもあり、敵の司令部施設を破壊することも単独の標的を殺害することも可能だ。

③防御用戦術ナノ兵器

ナノテクノロジーおよびナノテクを使った部品によって戦術的性能が向上した、防御用ナノ兵器のこと。

ロボット兵器――アメリカ軍は、ナノテクを応用したロボット兵器を防御用兵器として使用するだろう。陸軍は即席爆発装置《IED》を探知して無力化するロボットを開発するかもしれない。空軍は鳥もしくは昆虫サイズの偵察用ドローンを開発するだろう。海軍は、スウォーム攻撃用の自律型攻撃艇の配備を二〇一七年から開始する予定だ。

ナノテクで強化された金属――従来よりも一〇倍の強度を持つナノテク応用の鋼鉄は、陸軍の装甲兵員輸送車両から海軍の艦船に至るまで、あらゆる場面に使われるだろう。ナノコーティングを施された金属は強度も耐腐食性も向上し、軍で使われるあらゆる金属部品の規格品となるかもしれない。そうした金属は軽量なので、車両や艦船の燃費と航続距離は向上する。摩耗に強いのでエンジンなどの可動部にもうってつけだ。

透明マント――このテクノロジーはアメリカ各軍でさまざまに応用可能だと思われる。先ほどは狙撃手を目視できなくするという応用例を挙げたが、兵士全体と兵器にステルス性を与えることも可能だろう。未来のドローンはレーダーに探知されにくくなるどころか、目視できなくなるかもしれない。ハエぐらいの目に見えないドローンが開発されたら、敵の司令部に侵入して、作戦を立案する場面をリアルタイムでスパイすることが可能になるだろう。

④ 攻撃用戦略ナノ兵器

ナノテクノロジーおよびナノテクを使った部品によって戦略的性能が向上した、攻撃用ナノ兵器のこと。

自律型スマートナノボット——究極の大量破壊兵器。この兵器を保有する国家は、敵のインフラや指導部、そして国民を攻撃するようプログラミングすることができる。テロ組織が保有してもおかしくない。現在のテクノロジーの進化の度合いから推測すると、二〇五〇年頃には自己《S》増殖型スマ《S》ートナノボ《N》ットが実用化されてもおかしくない。問題はコントロールの難しさにあり、これを誤れば人類の滅亡をもたらす最終兵器になりかねない。

極超音速ミサイル——この未来兵器にはナノマテリアルとナノテクで強化された燃料、そしてナノ電子機器を利用した誘導システムが必要だろう。このミサイルは地球の裏側の標的に一時間以内に到達する。アメリカ軍は通常弾頭しか搭載しないと明言しているが、核兵器もナノ兵器も搭載可能なのは明らかだ。今のところ、極超音速ミサイルの開発競争はアメリカがトップを走っている。そしてこのミサイルに対する防衛手段は、現時点では存在しない。

⑤ 防御用戦略ナノ兵器

ナノテクノロジーおよびナノテクを使った部品によって戦略的性能が向上した、防御用ナノ兵器のこと。

自律型スマートナノボット——このナノボットや、近い将来実用化されるSSNをプログラミングして、敵の攻撃兵器を破壊・無力化することができる。やはり問題はコントロールの難しさで、人類滅亡の脅威にならないようにしなければならない。

弾道ミサイル迎撃システム——現時点でのアメリカの弾道ミサイル迎撃システムは不完全なものだ。しかし進化したナノ電子機器とナノテクで推進力が増した燃料により、その状態は変わるかもしれない。ナノテクノロジーと人工知能の進化の速度を考えると、アメリカは一〇年以内に飛行中の弾道ミサイルを撃墜することができるようになると思われる。

ナノ兵器の分類を終えたところで、今度はその戦争使用について考えてみよう。ナノ兵器の運用の幅は実に広い。ひとりだけを殺害することもできれば、ひとつの国を丸ごと全滅させることもできる。民間施設も、軍事施設や兵器も破壊することができる。こんな便利な兵器が戦争で使われないはずがない。事実、ナノテクを応用したレーザー兵器や高性能爆薬はすでに配備されている。未来の戦争では、それ以外の多種多様なナノ兵器が投入されるだろう。最も使用されそうなナノ兵器は以下のカテゴリーのものになるだろう。

・消極型ナノ兵器
・攻撃用戦術ナノ兵器

・防御用戦術ナノ兵器

戦争の歴史の流れを見れば、この三つが選ばれた理由がわかってくる。人類の誕生以来、戦争が起こるたびに兵器の威力は上がっていった。消極型ナノ兵器と攻撃用・防御用戦術ナノ兵器の配備は、二〇〇万年の長きにわたって続いてきた流れを汲むものだ。と、ここでこんな疑問が当然のように沸き起こってくるはずだ。戦略ナノ兵器の配備と使用はどうなるのだろう？

人類の存続を脅かす兵器については、人間は戦争中であってもその使用を規制する動きに出る。人間は完全な存在ではないが、それでも人類滅亡の危機に際しては力を合わせてそれを防ごうとする。もしかしたら人間には〝集団的自己防衛本能〟と言えるものが備わっているのかもしれない。それを示す例を三つ挙げてみた。

1　核拡散防止条約

冷戦期に生じたアメリカとソ連のあいだの緊張関係は、世界を核戦争の瀬戸際に追いやった。その結果、核を保有する国がこのまま増えつづけると世界の安全保障は悪化し、判断ミスや偶発的事故が生じるリスクが高まり、最終的には核戦争に発展してしまうという不安が世界各国に広まっていった。[146]その不安を解消するために国連で採択された核拡散防止条約《NPT》は一九六八年に調印され、一九七〇年に発効した。そして一九九五年には条約の無期限延長が決定された。現在の加盟国数は一九一にものぼるが、五カ国が未加盟だ。そのなかのインド・パキスタン・北朝鮮は核兵器を保有しているとよく公言し、おおっぴらに核実験をおこなっている。イスラエルも加盟しておらず、核の保有を明言していない。新興国家の南スーダンも加盟していないが、核を持っているとは思えない。つまり世界一九六カ国のうちの九カ国だけが核を保有していて、そのうちの五カ国がNPTに加盟しているということだ。理想とするすべての国の加盟には至っていないが、それでもNPTを順守しつづけている国の数は、どの軍縮条約の加盟国よりも多い。一九四五年の第二次世界大戦の終結以降、二五〇の大きな争いが起こり、五〇〇〇万の人々の命が失われたが、核兵器を実戦で使用した国はない。NPT未加盟国ですら、そんな行為にはおよんでいない。それはつまり、人類は自分で歯止めを利かせることができることを示している。しかしその自制力を得るために大きな代償を払った。世界は、第二次世界大戦で二発の原子爆弾が投下され、数十万もの日本人が殺される場面を目撃した。五二〇回の大気圏内核実験も、世界最大の破壊力を持つソ連の五〇メガトン級水素爆弾AN602の爆発実験も目の当たりにした。こうした核爆発で生じた放射性降下物は、いまだにがんに関連した病気を発症させつづけていると主張する専門家は多い。核兵器は人類の存続を危うくするという、人類史上最凶の兵器だということを、世界の人々は知っていた。ここがポイントだ。それがわかっていたからこそ、核はいらない、核を制限せよというムーブメントが市民レベルで起こり、ついには世界の指導者たちを動かしてNPTの調印台に立たせたのだ。

2　部分的核実験禁止条約

[147]部分的核実験禁止条約《PTBT》の正式名称は〝大気圏内、宇宙空間及び水中における核兵器実験を禁止す

る条約〟といい、一九六三年にソ連、イギリス、アメリカの三国間で調印され、発効した。現在ではフランスと中国、北朝鮮以外の世界各国が調印・批准している。調印していない三カ国にしても条約の内容を守っている。条約違反は何回かあったが、それでもPTBTは大体において核軍拡競争の速度をゆるめ、大きな問題である核実験で生じる放射性降下物に対処する役割を果たしてきた。いわゆる死の灰は核爆発並みに恐ろしいものだということは、調印された時点で世界のほとんどの人々が知っていた。ここでもまた、核の恐怖をわかっていた国民の意見に押されるかたちで、指導者たちは条約に調印した。

3　生物兵器禁止条約

〝[148]細菌兵器（生物兵器）及び毒素兵器の開発、生産及び貯蔵の禁止並びに廃棄に関する条約〟が正式名称の生物兵器禁止条約《BWC》は、生物・化学兵器の使用を禁止するものの、保有と開発は禁じなかった一九二八年発効のジュネーヴ議定書を発展させたものだ。BWCはすべての生物・化学兵器の保有を禁じる、初めての多国間軍縮条約だ。一九七五年に発効し、一七二カ国が加盟している。世界の人々と各国の指導者たちにBWCの採択が必要だと痛感させたのは、第一次世界大戦で使用された化学兵器と、一億人の命を奪ったとされる一九一八年のスペイン風邪の大流行だった。BWCはおおむね効力を発揮しているが、やはり違反もいくつか見られる。その代表例がイラク軍が起こしたハラブジャの虐殺だ。イラン・イラク戦争末期の一九八八年三月、イラク北部のクルド人自治地域にある都市ハラブジャがイラン軍とクルド人民兵組織の手に落ちた。その四八時間後、イラク軍が同市を化学兵器で攻撃し、多数の住民が犠牲となった。二〇一〇年、イラクの最高刑事裁判所はこの攻撃を虐殺行為であり人道に対する犯罪だと断じた。

この三つの条約に共通する重要なポイントは、核・生物・化学兵器の実態が広く知れ渡っていたからこそ採択されたという点だ。攻撃用および防御用戦略核兵器の開発・配備・使用についても、このポイントと、これまで論じてきたことを併せて考えれば、こんな結末が見えてくる。

【結末その1】

ある種類の兵器に人類の滅亡をもたらす危険性があることが誰の目にもはっきりわかるようになると、人間は〝集団的自己防衛本能〟を働かせ、その兵器を規制しようとする。攻撃用・防御用戦略ナノ兵器にもその本能が機能するだろう。しかし残念なことに、世界の大多数の人間はナノ兵器のことに無関心だ。新聞の第一面を飾ることも、ゴールデンタイムのニュース番組で報じられることもない。開発と保有を禁じる国際条約もない。つまり攻撃用・防御用戦略ナノ兵器は、人類の存続に対する脅威だと世界的に認識されるより先に開発され、実戦投入されるかもしれないということだ。

さらに悪いことに、戦略ナノ兵器は保有しているだけでも核兵器以上の危険をもたらす。人工知能が搭載されるからだ。戦略ナノ兵器と、それを製造するシンギュラリティ・コンピューターが制御不能になるリスクもある。

【結末その2】

二一世紀の後半を迎えると、全面ナノ戦争の脅威が大きくのしかかってくるだろう。そもそもナノ兵器は目に見えないものなので、ナノ兵器で攻撃されてもその源はなかなか突き止めることはできない。その結果、攻撃を受けた国やテロ組織は敵と思しき相手に戦術ナノ兵器による攻撃を加えざるを得なくなるだろう。しかしそうした攻撃のやりとりで、全面戦争に発展する可能性はどんどん増していく。全面核戦争と同様、人類の存続を脅かすことになるだろう。

二〇五〇年代以降も続くと思われる新冷戦は、前世紀の冷戦をさらに超える、とてつもなく危険なものになるだろう。核兵器が一番の脅威だった時代、世界の人々は何が危機にさらされているのか認識していた。だからこそ世界各国は核戦争の脅威を減らす努力をせざるを得なかった。しかしナノ兵器が核兵器に取って代わる未来はそんなことにはならない。現時点では、世界の人々のほとんどはナノ兵器なるものが存在することすら知らないし、その一方で大国はナノ兵器を巡る新たな軍拡競争をすでに始めている。こうした現状を考えると、新冷戦はナノ兵器が主役の戦略戦争にエスカレートする可能性がきわめて高いと言える。そのとき、人類は瀬戸際に立たされるだろう。

12章　瀬戸際に立つ人類

人はみな、もっと平穏な世の中だったらいいと考えるものだ。しかしそんな世界を望んではならない。我々の時代が困難で先の見えないものなのだとしたら、人間の力が試される、絶好の機会に恵まれていると言えるではないか。

ロバート・F・ケネディ

（アメリカの政治家。ケネディ元大統領の実弟で、同政権の司法長官。一九二五～一九六八）

大惨事とは、さまざまな出来事がドミノ倒しのように連なった結果、生じるものだ。ドミノが一個だけ倒れたときのように、ひとつひとつの出来事はその時点ではどうってことはないように見え、不安も危機感も生じない。そして予想もしていなかった悲劇が起こり、そのときになって初めてそれぞれの出来事の意味がわかるのだ。人類の歴史はそんな惨事だらけだ。そのひとつ、チェルノブイリの核災害を振り返ってみよう。

チェルノブイリ原子力発電所事故

一九八六年四月二五日。ソ連のウクライナにある（当時）チェルノブイリ原子力発電所の日勤作業員たちにとって、この日は重要な意味を持っていた。何週間もかけて計画した、四号炉の緊急事態を想定した炉心冷却試験を実施することになっていたのだ。あわせて新しい電圧調整システムもテストする予定になっていた。試験の手順は以下のようにきっちりと定められていた。

1　四号炉を七〇〇から八〇〇メガワットの低出力で稼働させる。
2　蒸気タービン発電機をフル稼働させる。
3　1と2を達成したら、ただちに発電機への蒸気の供給を止める。
4　非常事態が発生して、蒸気タービン発電機から原子炉の冷却水ポンプへの電力供給がストップした場合、ディーゼル発電機が自動的に起動する。しかしディーゼル発電機が起動して冷却水ポンプを動かすまで一分かかってしまう。一方、蒸気タービン発電機は蒸気の供給が止まっても、タービンの慣性回転でしばらくのあいだ発電することができる。その電力で一分間のタイムラグを埋めることができるかどうかを確認する。
5　ディーゼル発電機が正常に発電していることを確認したのちに、タービンを止める。

計画段階では試験内容は単純明快なもので、電力喪失が生じた場合に原子炉を冷却できるだけのバックアップ電源を確保するためには必要なものだった。しかしいざ試験が始まるとさまざまなことが起こり、それが積み重なって大惨事へと発展した。それ以上の事故の詳細については省き、ここでは私の見解を述べるのみとする。

1 不測の事態への対策が講じられていなかった。たて続けに起こったことを検証してみると、〝もしもの事態〟への対策が検討されていなかったことがわかる。チェルノブイリでおこなわれた試験の各項目で期待通りの結果を得るためには、この対策が必要だった。集積回路とセンサーという最先端技術の開発・製造に携わってきた私の経験からすると、複雑な実験で毎回予想通りの結果が出て、実験そのものが予定通りに進むことなどほぼ皆無だった。

2 別の発電所の送電が停止するという、原発以外の場所で起こった出来事で試験が中断し、遅れが生じた。不測の事態への対策が事前に検討されていれば、こうした出来事は予測できたはずだ。

3 別の発電所の送電停止で遅れが生じた結果、試験は経験不足の技師が制御室を管理する夜間にまでずれ込んでしまった。本来なら、この事態だけで試験延期を決断すべきところだ。

4 さまざまなことが起こって試験が手順通りに進まなくなったとき、制御室を管理する技師は試験を中止せず、危険な状況で続行させた。試験に関わった人々の経験不足と安全軽視の姿勢が見て取れる。

5 ストレスと経験不足から生じたと思われる稚拙な判断が決め手となり、試験は大惨事へと発展した。重要な局面で自動的に作動するはずの安全装置は解除され、警報も意図的に無視された。

その後のことは皆さんご存じのとおりだ。チェルノブイリ四号炉は爆発して火だるまと化し、噴出された煙と蒸気が大気中に放射性物質をまき散らした。ソ連政府は周辺住民にも周辺諸国にもすぐに警告情報を出さなかった。[149]爆発から二、三日のあいだに、三二人の死者とさらに多くの放射線による熱傷患者が出た。それにもかかわらず、ソ連が原発事故を認めたのは、チェルノブイリから北西に一三〇〇キロメートル以上離れたスウェーデンの機関が放射性降下物を確認したと報告したあとのことだった。[150]この事故を原因とする、がんを中心とした病気で死亡した人々は九八万五〇〇〇人と推測される。まさしく人類史上最悪の核災害だ。

チェルノブイリの原子炉爆発は三つの教訓を残した。

1　核やナノ兵器のような現代的なテクノロジーは複雑で、その運用と制御には高度な専門知識が必要だ。

2　人間には限界がある。そして複雑な現代のテクノロジーはその限界を超えることがある。複雑なテクノロジーが関わる、連続して発生する出来事を予測しコントロールする能力については、人間は優れているとは言えない。チェルノブイリの場合、事故が発生したときに制御室にいた主任技師とスタッフたちは、目の前で生じている危機的状況を適切に認識することができなかった。結局のところ、彼らはそれぞれの出来事はほかとは関係ないことと捉えてしまった。まるでドミノが一個倒れただけじゃないかと思っていたかのように。そしてそれぞれの出来事がはらんでいた、きわめて重大な安全上の問題を読み取ることができなかった。つまるところ、たった一個のドミノがすべてのドミノを倒してしまうことをわかっていなかったのだ。経験不足とストレスは、人間の判断能力を著しく低下させてしまうことがある。

3　核技術とナノ兵器のコントロールは常に危険が伴う。人類も存続の危機にさらされる。

ナノ兵器超大国が支配する世界

チェルノブイリの惨劇が残した三つの教訓は、ナノ兵器に生かすことができるはずだ。しかしその前に、二一世紀後半の世界まで早送りして見てみよう。世界がこのまま発展していけば、二一世紀後半は、ボタンひとつで世界の命運を決めることができる核超大国が支配した二〇世紀後半の世界に似たものになるだろう。さらに言えば、二一世紀後半の超大国は、核のみならず戦術・戦略ナノ兵器を保有するだろう。

この世界観の予測が当たっていたら、二〇五〇年以降の世界環境はどのようなものになっているだろうか？

1　10章で論じた新冷戦の要素——軍事同盟、世界を滅亡させるほどの脅威、プロパガンダ、軍拡競争、諜報活動、秘密作戦、経済戦争、シンギュラリティ・コンピューター、原材料とエネルギーを基軸とする貨幣価値——がすべて揃う。

2　テクノロジーは現在より桁ちがいに複雑なものになるだろう。その結果……
・ナノ兵器の開発と運用は問題だらけで、チェルノブイリ級の大惨事が何度も起こる。
・シンギュラリティ・コンピューターの制御も問題で、人智を超えるマシンは人類の敵になる危険をはらんでいる。

こうした世界環境にあって、ひとつ疑問が生じる。二一世紀後半を生きる人類は、自分たちはナイフの刃の上でバランスを取っているような、きわめて不安定な状態にあると認識できるだろうか？　その答えは、ナノ兵器超大国が戦争で相当量の戦力を投入するかどうかにかかっている。過去を振り返ってみよう。核兵器は、戦争で使用されるまで誰もその恐ろしさを知らなかった。ステルス技術も、戦争で使用されて初めてその存在と効果が知れ渡った。そして現時点では、ナノ兵器の破壊力は分厚い秘密のベールで隠されている。ナノテクで強化された通常兵器ならすでに配備されているが、そんな初歩的なものではナノ兵器本来の威力を十分に理解することはできない。たとえば、前述のナノテクをベースにした海軍のレーザー兵器が実戦で使用されて航空機を無力化したとしても、世間一般の人々が驚くのはレーザー兵器そのものであって、それを可能にしたナノテクノロジーのことなど気にもかけないだろう。身近な例で考えてみよう。最新型のパソコンを初めて使ったとき、感動するのはその性能だろうか、それともその高性能を支えているナノテクノロジーだろうか？　そもそも最新のパソコンにナノテクが関わっていることを知っている人などほとんどいないだろう。ナノ兵器がその破滅的な真の実力を見せる場は、実際の戦場以外に考えられない。

では、どういう状況になればナノ兵器は戦場で使用されるのだろうか？　ふたつの全面ナノ戦争を想定して考えてみよう。

砲火を交えることなく海戦を制する

東シナ海での緊張が頂点に達し、中国はアメリカの保護国である日本を恫喝（どうかつ）する。アメリカは空母打撃群を派遣する。中国も空母を中心とした艦隊を保有しており、核ミサイルを発射可能な潜水艦もミサイル艦も持っている。通常兵器と核兵器の実力から見れば、両国の海軍戦力は均衡している。中国は日本への攻撃の準備を進める。潜水艦はミサイルを発射可能な深度まで浮上し、発射口のハッチを開ける。空母からは艦載機が日本を目指して発進する。アメリカは、中国が今すぐにでも日本を攻撃し、壊滅的な打撃を与えると断定する。アメリカの選択肢はひとつしかない——敵の兵器すべてに群がって攻撃を仕掛けるようプログラミングした、自己増殖型スマートナノボットＳを作動させるしかない。作動させた途端、中国の潜水艦は次々と沈んでいく。艦載機は飛行不能になり、海に墜ちていく。空母もミサイル艦も沈没していく。中国は慌てふためき、しまいには自暴自棄になって弾道ミサイルを発射しようとする。が、ミサイルが発射台から飛び立つことはない。ものの数分のうちに、中国は海軍戦力をすべて失ってしまう。戦いは始まる前に終わる。そして話は最も厄介な部分に移る。

中国は国連に公式に抗議する。抗議内容は以下のとおりだ。

・中国海軍の東シナ海での活動は敵意のないものだった。
・アメリカはナノ兵器を使って奇襲を仕掛けてきた。
・アメリカの戦争行為を非難し、しかるべき制裁措置を取ることを国連に求める。

アメリカは偵察衛星などの記録データを公開し、中国は日本への攻撃を開始していたと主張する。保護国が危険にさらされたことで、アメリカは挑発されてナノ兵器を使ってしまったのだ。

世界に衝撃が走る。この衝突は世界各紙の第一面を飾り、あらゆるメディアがナノ兵器の破壊力を〝専門家たち〟のコメントを交えて詳しく報じる。答えが返ってくるとは思えない質問が全世界で繰り返される――

アメリカはどんなナノ兵器を使ったのだろうか？

そのナノ兵器はどれほどの威力があるのだろうか？

ナノ兵器は人類滅亡をもたらすだろうか？

話はここで終わりにしよう。ポイントははっきりしている。ナノ兵器が戦争で使用されたことが白日の下にさらされると、全世界の人々は警鐘を鳴らすだろう。

大虐殺

二一世紀後半の世界では、ナノ兵器超大国の国民はこの世のものとは思えないほどの生活を享受している。住環境は贅《ぜい》をきわめ、医療制度も完備され、アンチエイジング医療すら実施されている。一方、広大な国土に膨大な人口を抱えているナノ兵器超大国のX国は、食糧難と貧弱な医療制度のせいで国全体が不安に包まれている。国民の大部分はいまだに家族農業で暮らしを立てていて、教育水準も低い。老齢層は老化に伴う疾病に悩まされつづけている。X国全体を覆う不安は、やがて国民より軍備を重視する政府への不満を呼び、その不満は反政府活動へと発展していく。人々は〝兵器より国民に予算を〟と書かれたプラカードを掲げて抗議デモに参加する。国民の支持を失いつつあるX国政府は統治力も失いつつある。

失地を回復すべく、X国政府は三日間をかけて次のような行動に出る。

・国民の抗議活動を禁止する。
・海外通信社に国外退去を命じ、報道管制を敷く。
・国境を封鎖する。
・政府以外の通信を禁止する。固定電話、携帯電話、衛星電話はすべて停止させる。インターネットの閲覧は政府のウェブサイトのみに制限する。電子メールは他国政府とのやり取り以外はすべて禁止される。テレビとラジオは政府が制作した番組しか放送しない。

アメリカと北大西洋条約機構《NATO》加盟国の偵察衛星が、X国で大量の死者が出ている状況を探知する。アメリカはその事実を国連安保理の緊急理事会で報告する。

アメリカは国連を通じてX国に事実確認を求める。X国は、大量の死者が出たのは未知の感染症が蔓延した可能性があるからだと返答し、余計な勘繰りは失礼だと激しく抗議する。

国連での協議は数日にわたって続く。そのあいだにも世界に緊張が広がっていく。X国の言うとおりなら、次にその感染症の犠牲になるのはどの国だろう？　国連はその感染症を調査する決議案を提出する。その感染症の対処法が見つかるまでは国連査察団がX国に滞在するという決議内容を、全世界の人々が支持する。

議決案の採択に向けて国連の審議がゆっくりと進むなか、X国の数人の国民が国境を突破して隣国に逃げ込む。しかし彼らも死んでしまう。国連は彼らの遺体を解剖する。ウイルスの拡散を防ぐため、解剖は洋上の船舶内で行われる。

アメリカが疑っていたとおり、遺体から殺人ナノボットが検出される。X国は、自国民に対して殺人用の自律型スマートナノボットを拡散したのだ。ナノボットは特定の地域の特定のDNAパターンを持つ人間のみを攻撃するようプログラミングされていた。アメリカがナノボットから採取したデータを精査した結果、X国は抗議活動に関わった人々、老年層、そして末期疾患に冒されている人々だけをDNAパターンから特定して殺害し、トータルで国民の半分を抹殺する予定だったことが明らかになる。

アメリカはこの調査結果を国連に報告する。X国は大虐殺への関与を否定し、そんなことができる最先端の自律型スマートナノボットはアメリカしか保有していないと反論する。アメリカは激怒し、大虐殺への関与を否定する。

国連審議のニュースは各メディアを席巻する。答えが返ってくるとは思えない質問が全世界で繰り返される——

X国は最先端のナノボットを使って大虐殺を行ったのだろうか？

その殺人ナノボットはX国外に拡散しないだろうか？

話はここで終わりにしよう。ポイントははっきりしている。ある国が、たとえ自国内であってもナノ兵器を使用したことが明らかになると、全世界の人々は警鐘を鳴らすだろう。

このふたつの例の場合、どちらとも人類は警鐘に耳を傾け、しかるべく反応すると思われる。核兵器が初めて戦争で使用されてからの数十年間と同じように、人類はナノ兵器の使用を制限する条約の締結を模索し、ナノ兵器を完全に管理下に置こうとするだろう。核兵器時代と同じような制限・軍縮条約が結ばれる可能性は高い。

それでも疑問は残る。果たして人類は、ナノ兵器に対して適切なタイミングで十分な対策を取って、自分たちの滅亡を回避することができるだろうか？

歴史が答えを見つけてくれるのを待つというのは、あまりに危険だ。核兵器や生物兵器と同様に、ナノ兵器は人類の存続を脅かすものなのだから。ナノ兵器が人類にとって究極の脅威となる理由はふたつある。

1　極度に高度なナノ兵器をコントロールすることは、もしかしたら人間の手に余ることなのかもしれない。この章で紹介したチェルノブイリ原発事故のことを思い出してみてほしい。チェルノブイリ原発で使われていたテクノロジーなど、最先端のナノ兵器のものに比べたら玩具《おもちゃ》も同然だ。それでも事故は起こった。ナノ兵器を巡って、チェルノブイリ級の大惨事が起こるかと聞かれたら、イエスと答えざるを得ないだろう。最先端のナノ兵器はきわめて高度であるからこそ、新たなチェルノブイリをもたらすのだ。問題はいつ起こるか、だ。

2　最先端のナノ兵器は、人間の指示を受けてシンギュラリティ・コンピューターが設計するようになる。ところが、そもそもシンギュラリティ・コンピューター自体が人類の脅威となり得るものなのだ。だから、人類を滅ぼす力があるナノ兵器の管理を完全にシンギュラリティ・コンピューター任せにしてしまうと、世界の終わりとも言うべき、とんでもないことになってしまうかもしれない。それを防ぐためには、シンギュラリティ・コンピューターを使って設計するナノ兵器には、人間の命令に従うシステムをプログラムではなくハードウエアそのものに組み込む必要がある。いざというときにはシンギュラリティ・コンピューターによる指令を上書きして、人間の指示に従わせる安全装置は必須だ。

ナノ兵器超大国が勃興し、ナノ戦争が勃発する可能性が高まったときに初めて、世界各国と全世界の人々はナノ兵器が人類の存続にもたらす脅威を認識するだろう。チェルノブイリのような事故や戦争での戦術ナノ兵器の使用が警鐘となるかもしれない。どうやら人間は、何かが起こってからでないと行動を起こさない生き物のようだ。何かにつけ、それなりの数の出来事が起こらないと、その重い腰を上げることはない。

ナノ兵器の威力を完全に把握すると、ナノ兵器を保有する国々は互いに疑心暗鬼になり、ナノ兵器の使用をためらうようになるだろう。その結果、皮肉なことに核を使った先制攻撃が用いられる可能性が高くなる。現在、大量破壊と残留放射線と予測不可能な放射性降下物をもたらす核兵器は恐怖をもたらすものだとされている。しかしそんな核をもってナノ兵器を制するという手は最悪の選択肢だと言える。はっきり言えば、ふたつの悪のうち、ましなほうでしかない。

人類がみずからの死を招く瀬戸際にある世界を描いたこの章では、ナノ兵器についての倫理と管理が国連の最優先課題になることを順序立てて説明した。終章ではこの最後のポイントと、みずからが生み出したテクノロジーの餌食にならないようにするために、人類が取るべき戦略について述べる。

終章

不倶戴天の敵同士のふたりが、腰までガソリンに浸かっている。一方は三本のマッチを、もう一方は五本のマッチを手にしている。核の軍拡競争とはそんなものだ。

カール・セーガン

（アメリカの天文学者、作家、SF作家。一九三四〜一九九六）

私たちは日々新しい情報に接している。そんな私たちは、ふたつのうちどちらかの道を歩んでいく――これからも積極的に情報を入手しつづけるか、それともこれからもずっと情報を受け入れないままでいるかだ。私はそう信じている。厳しい言い方かもしれないし、そんなに単純なことじゃないと思われるかもしれない。それでも、実際のあらゆる意思疎通に同じことが言える。毎日のように情報のハイウェイを走らなければならないことに、もううんざりしている人もいる。ニュースなんか絶対に見ないと言っている人は、皆さんの身近にいるのではないだろうか。新聞は四コマ漫画しか読まないし、クロスワードパズルしかやらないという人もいるのではないだろうか。私は自分が見聞きしたことを述べているだけで、非難がましいことを言うつもりはない。それでも、そのとおりだと思っている方も多いはずだ。実際、かく言う私だってストレスがすごく溜まっているときは、情報をアップデートするためのニュースなんか観ないで、音楽を聴いたりしてリラックスする。それが人間というものだ。一瞬でコミュニケーションが取れるようになった現在、あらゆる大惨事の情報はものの数分で世界中を駆け巡る。さらに言えば、新聞の第一面とニュース番組のトップを飾るのは、大抵は悪い（悲しい）ニュースだ。なぜかと言えば、悪いニュースのほうがいいニュースよりも興味をそそるからだ。広告スポンサーとしてもそのほうがいいだろう。それでも、悪いニュースでもちゃんと見たほうがいい。情報がなければ、ハムレットが言うところの〝暴虐な運命の矢弾《やだま》〟から身を守ることができなくなってしまう。チェルノブイリで命を奪われた一〇〇万に近い人々は、自分たちの運命を決した大惨事のことを知らないまま死んでいったのではないだろうか。

メディアや政界、科学界は、大量破壊兵器である戦略ナノ兵器に対して、ほとんどというか、まったく目を向けていない。それとは対照的に、核・化学・生物兵器についての書物や論文は膨大にある。ナノ兵器も前出の三つの兵器も戦略兵器としての威力は同じなのに、世間の注目度がこれほどまでにちがうのは、ナノ兵器は秘密のベールに覆われていて、まったくと言っていいほど知られていないからだ。この点と、ナノ兵器が人類滅亡をもたらす脅威である点に促されて、私はこの本を書くことにしたのだ。

この本は、人類史上最も恐ろしい次世代の軍事兵器についての重大な情報を提供するものだ。この本を読んでぞっとした人もいるだろう。この本のなかでは、私は事実のみを示して、その判断は皆さんに任せたケースが多くある。情報を広く知ってもらうには、みんなで考えることが重要なのだ。トマス・ジェファーソンもこう言っている。「この文明社会で国民が勝手気ままな無知であるなら、変化も進歩も何もあったものではない。知識豊かな市民こそ、民主主義の力強い原動力なのだ」

この本はナノ兵器の真相をまとめたものだ。ナノテクノロジーに関する情報は、インターネットでも書籍でも雑誌や新聞の記事でも学術誌でも、それこそ数え切れないほど存在するが、ナノ兵器の真相はそのなかに隠されている。しかしその数はきわめて少なく、たぶん一〇〇〇ページにひとつという程度ではないだろうか。グーグル検索で〈ナノテクノロジー〉と〈ナノ兵器〉のヒット数を比べてみたら実感できると思う。それでも、膨大な量の情報をふるいにかけるだけの熱意があれば、ナノ兵器の情報を砂金の粒のように選り分けることができる。私はそうやって収集した情報をまとめ上げて、推論を導き出した。読者の皆さんも、さまざまな情報から自分の意見をつくりだしていると思う。このプロセスは、知性を身につけて磨きをかけていくうえで必要なことだ。

現在ほど、情報を得た有権者が重要な意味を持つ時代はない——何度も聞かされてきた、手垢のついた言葉だ。ナノ兵器がもたらす脅威については、この言葉がぴたりとあてはまる。ナノ兵器が抱える危険性を、全世界の人々が認識することが肝要なのだ。ナノ兵器も、アメリカと中国、ロシアが秘かに繰り広げているナノ兵器の開発競争も、私たちは看過してはならない。ナノ兵器を開発したり保有したり、はたまた実戦で使用しても人類滅亡をもたらさないのか、という問題に取り組まなければならない。そのためには歴史を振り返り、人類はどのようにして大量破壊兵器に対処してきたのかを知らなければならない。

本文中で私は、人類は戦争が好きな生き物だが、いざ人類の存続を脅かす事態が生じると集団で自己防衛する本能が備わっているのではないかと述べた。この私の説を裏づける証拠ならいくつもある。核拡散防止条約《NPT》しかり、部分的核実験禁止条約《PTBT》しかり、生物兵器禁止条約《BWC》しかり。

大量破壊兵器が登場して以来、人類はナイフの刃の上でバランスを取っているような、きわめて不安定な状態にある。ここで大量破壊兵器とはどのようなものか理解しておこう。[151]一九四七年の国連通常軍備委員会による定義では「原子爆弾、放射性物質を用いた兵器、致死性のある化学および生物兵器。これらの兵器と同等の破壊力を有する、将来開発され得るあらゆる兵器」とされている。

この定義をナノ兵器にあてはめてみよう。

11章で、ナノ兵器を以下の五つのカテゴリーに分類した。

- 消極型
- 攻撃用戦術
- 防御用戦術
- 攻撃用戦略
- 防御用戦略

国連の定義をあてはめると、攻撃用・防衛用戦略の以下のナノ兵器が大量破壊兵器になる。

・自律型スマートナノボット（自己増殖型スマートナノボットを含む）

・極超音速ミサイル

・弾道ミサイル迎撃システム

これは重要なことだ。過去の前例を参考にすれば、攻撃用・防御用戦略ナノ兵器の対処法がわかるかもしれない。

まずは最も破壊力が高いと思われる自己増殖型スマートナノボット（SSN）を考えてみよう。SSNは人工生命体とも言える存在で、生物界で言えばウイルスのようなものだ。であれば、生物兵器禁止条約の規制対象に加えてもいいのではないだろうか。これは同条約の適用範囲を新しいタイプの兵器にまで拡大することを意味する。

一般的に、生命体は以下の五つの条件を満たすものとされている。

1　細胞で構成されている。

2　エネルギーを得て、使用する。

3　成長する。

4　自己増殖する。

5　環境に反応して適応する。

ＳＳＮは条件2と4と5を満たしている。しかしＳＳＮは細胞でできていないし、成長もしない。だから厳密に言えば生命体ではないと言えるだろう。それでも、何をもって生物とするかということの定義は、もしかしたらまちがっているのかもしれない。人工生命体には別の定義が必要なのかもしれないが、それでも生命体に相当するものだ。ＳＦ作家のアーサー・Ｃ・クラークはこんな言葉を残している。「我々炭素系生物と珪素系生物のあいだには本質的なちがいはない。しかるべき敬意をもって扱えばいいだけの話だ」このクラークの発言は人工知能に言及しているものだが、ＳＳＮもカバーするものだと思う。

ここは、すでに発効している大量破壊兵器を規制する条約の範囲を拡大させて、戦略ナノ兵器をそのなかに含んでしまったほうがいいだろう。そうすることで条約を一からつくり直す手間が省けるし、条約締結までに生じる一〇年単位のタイムラグをなくし、問題にタイムリーに対応することができる。

だが、問題はそれだけでは解決しない。兵器としてのＳＳＮを首尾よく生物兵器禁止条約の規制対象にできたとしても、自律型スマートナノボット、極超音速ミサイル、弾道ミサイル迎撃システムといったその他の戦略ナノ兵器をどうにかしなければならない。では、それらの兵器が示す人類滅亡の脅威を排除するためにはどうすればいいのだろうか？

私は三つの方策を提案する。

1　極超音速ミサイルに搭載する弾頭を、通常兵器のみに制限する。アメリカはすでにその方針で開発を進めているが、ロシアは核弾頭を搭載するつもりだ。このままでは新冷戦はとてつもなく危ういものになってしまう。このミサイルの開発でアメリカに後れを取っているロシアとしては、核を積むことで優位に立ちたいのだろう。ロシアがそんな動きを見せれば、アメリカも方針転換して核はおろか戦術ナノ兵器の搭載すら考えるようになるだろう。この方向に進めてはならない。緊張を緩和させて大量破壊兵器の使用を防がなければならない。そのためには、極超音速ミサイルの弾頭は通常兵器に限るという取り決めを徹底させることが必要不可欠だ。これはアメリカにとっては喫緊の課題だと言えよう。

2　自律型《A》スマート《S》ナノボット《N》を核兵器と同等のものと定義して、核拡散防止条約と部分的核実験禁止条約の規制対象にする。核兵器もＡＳＮも人類を滅亡させかねない大量破壊兵器なのだから。ＡＳＮが核に匹敵する破壊力を持ち、しかも破壊範囲を事前に設定することができる兵器になるのはまちがいない。アメリカは同盟諸国と力を合わせ、ＡＳＮを核兵器並みの威力がある兵器として既存の核制限条約に取り込む努力をすべきだ。

3　弾道ミサイル迎撃システムについては、それを望む国には開発・配備を認める。核戦争を回避できているのは相互確証破壊の原則が働いているおかげであり、この原則は〝今のところ〟は機能している。しかしテクノロジーが進化してより複雑になるにつれて、人間の判断力はそれに追いつくことができず、何気ないことがきっかけで重大な事態が生じてしまう危険性は加速度的に増加していく。チェルノブイリがいい例だ。些細《ささい》なミスでミサイルが誤発射され、地球が滅亡してしまうリスクを誰が望むというのだろう？　ならず者国家が意図的に弾道ミサイルを発射したとき、対抗手段は核報復だけでいいのだろうか？　よく考えてほしい。勝者も敗者もいないシナリオだ。ここでロナルド・レーガン元大統領の言葉を紹介しよう。

「[152]核兵器は恐るべき破壊力を秘めている。だからこそ我々は戦争阻止の新たな手段を、軍事力と道徳の両面から模索しなければならない。平和と世界の安定を強固なものとする、よりよい方法は必ずあるはずだ。迅速かつ大規模な核報復に今まで以上に重きを置くのではなく、誰をも脅かすことのない防衛システムをさらに重視する方向へと向かうべきだ」

入手可能な文献をさまざまにあたってみた結果、このレーガンの言葉は正しいと思える。この本を書いているあいだも、中国と北朝鮮はミサイルシステムの改良に励んでいる。これから数年のうちに、両国は精度の高い大陸間弾道ミサイル《ICBM》を保有するものと思われる。全世界で協力してＩＣＢＭの脅威を排除しなければならないと私は考えている。しかし残念ながら、ＩＣＢＭに対して一〇〇パーセント有効な迎撃システムは現時点では存在しない。その技術の熟成と実戦配備までには一〇年以上を要するだろう。よしんば実現したところで、今度は新たな大量破壊兵器としてナノ兵器が台頭してくるはずだ。そしてナノ兵器の拡散には必ずしもＩＣＢＭを必要としない。弾道ミサイル迎撃システムの開発は止めることはできないと思われるが、ナノ兵器はこのシステムの抑止力を無力化してしまうかもしれない。避けては通れないことはそのまま受け入れるべきではないだろうか。

私は技術が専門で、政治や倫理には疎《うと》い。だから科学技術者の視点から、ナノ兵器の規制には、人類の存続を脅かす兵器に使ったものと同じ方法を使うことを勧めている。私たちは生物兵器と核兵器という人類滅亡をもたらす脅威に対峙し、多国間条約でその使用を見事に封じることに成功している。この経験を生かして戦略ナノ兵器の使用も禁止すればいいのではないだろうか。

私の提案を単刀直入にまとめてみた。

1 兵器としての自己増殖型《S》スマート《S》ナノボット《N》を生命体と同等の人工生命体と定義して、生物兵器禁止条約の枠組みのなかに入れる。

2 極超音速ミサイルに搭載できる弾頭は通常兵器のみに制限する。

3 自律型《A》スマート《S》ナノボット《N》を核兵器と同等の大量破壊兵器と見なし、核拡散防止条約と部分的核実験禁止条約の規制対象にする。

4 弾道ミサイル迎撃システムについては開発・配備を認める。

これらは現時点では提案以外の何ものでもない。概念的には単純なものだが、それを裏で支える理論は真っ当なものだと思っている。これから取り組まなければならない課題はまだごまんとあるし、国際条約はさまざまにかたちを変えていく。結局のところ、この提案の実現は長い道のりになるだろう。人間なら誰しも持っている生存権を尊重する方なら、その道を歩んでいくだろう。時間をかけてナノ兵器について学んできた皆さんは、この兵器が史上最も恐ろしい、人類滅亡の脅威を突きつける最終兵器だということをもう知っている。私は、本書はナノ兵器の脅威を止める旅路のスタートラインだと思っている。その先に足を踏み出すのは皆さんだ。

今は終わりではない。これは終わりの始まりですらない。しかしあるいは、始まりの終わりかもしれない。

サー・ウィンストン・チャーチル

◉付記　アメリカ陸軍の軍事《I》ナノテクノ《S》ロジー研《N》究所

軍事《I》ナノテクノ《S》ロジー研《N》究所のウェブサイト（http://isnweb.mit.edu）には、五つの最先端の戦《S》略的研《R》究分《A》野ごとの研究テーマとプロジェクトが掲載されている。陸軍のナノテク研究の幅広さと奥深さを実感していただくために、その内容を以下に転記してみた。

【ＳＲＡ１】軽量で多機能なナノ構造素材

研究テーマ１－１：画像処理および通信の広帯域化した量子ドット（直径二～一〇ナノメートルの半導体）への応用

・プロジェクト１－１－１：広範囲に同調可能なスペクトル特性を持つ撮像装置およびエミッタ

研究テーマ１－２：ナノサイズのカーボン素材を応用した状況認識装置

・プロジェクト１－２－１：次世代暗視装置用のグラフェン素子

研究テーマ１－３：高機能を持つナノ表面構造の有効性

・プロジェクト１－３－３：次世代ファイバー素子用の構造および技術の開発

研究テーマ１－４：迷彩技術および環境認識技術の拡張

・プロジェクト1−4−1：光学迷彩用のナノ粒子の開発

【SRA2】 戦場医療──予防・診断・先進治療

研究テーマ2−1：細胞性免疫反応およびナノ人工体による薬物送達

・プロジェクト2−1−1：ナノテクノロジーを応用した免疫系の刺激・標本抽出・監視技

術

研究テーマ2−2：混合および分離物のマイクロ流体工学

・プロジェクト2−2−1：急速に再形成する冷凍乾燥薬剤

研究テーマ2−3：治療用物質の合成および特性評価

・プロジェクト2−3−1：出血性ショックの治療のためのナノ構造を持つ生体材料

・プロジェクト2−3−2：兵士の創傷治癒用の超多層化した集合体

・プロジェクト2−3−3：マイクロテクノロジーを応用した装置を用いて脳脂質のナノ粒

子を送達して、外傷性脳損傷を治療する技術の開発

・プロジェクト2−3−4：生物学とナノテクノロジーを融合させることで可能になる創傷

治癒の相補的戦略の開発

【SRA3】

爆発の衝撃および銃弾への対処──物理的損害、傷害メカニズム、保護システムの軽量化

研究テーマ3－2：ナノ結晶化した金属合金の粒界および界面の操作
・プロジェクト3－2－1：軽量な保護システムのための、積層もしくは傾斜構造を持つナノ結晶および超弾性合金繊維の開発
研究テーマ3－3：生体組織物質のモデリングと損傷の物理学的・生物学的・生理学的機構
・プロジェクト3－3－1：爆発の衝撃による外傷性脳損傷――物理学的・生物学的・行動的側面の結合
・プロジェクト3－3－2：爆発の衝撃による外傷性脳損傷における電気機械的な相互作用
・プロジェクト3－3－3：ゲル状物質の基本特性の分子レベルからマイクロサイズにおける調査
研究テーマ3－4：複雑な機械的性質のマルチスケール解析
・プロジェクト3－4－1：複数の脅威に対する保護システムのマルチスケールモデリングとシミュレーションのための最先端コンピューターの開発
研究テーマ3－5：生体模倣新素材、ナノ構造化炭素を用いた新素材
・プロジェクト3－5－2：柔軟性のある超軽量保護システム用の、炭素をベースにしたチェインメイル状の構造体の設計と合成

【SRA4】有害物質の検出

研究テーマ4－1：特異なナノ構造における光電子現象と光化学の結合機構

・プロジェクト4－1－2：電気抵抗率をベースにしたマイクロ流体バイオセンシング
・プロジェクト4－1－4：ポリマーもしくはバイオポリマーを吸着させたカーボンナノチューブを利用した分子認識技術。ナノチューブをテンプレートとした抗体の開発
研究テーマ4－2：ケミカルセンサーおよびバイオセンサー用の量子ドット
・プロジェクト4－2－1：ハイブリッド量子ドット構造を使った化学および生物検体検出法の開発

【SRA5】ナノシステムの集積化――複合的環境下に対する機能適合
研究テーマ5－1：新しい繊維材料を用いたフォトニック構造体と光電子機能の結合
・プロジェクト5－1－1：強誘電体の吸音繊維
研究テーマ5－2：複雑なナノ構造を持つ素材における、新たな形態の物質と光の相互作用
・プロジェクト5－2－1：さまざまな素材を集積化した、多機能を有する布
・プロジェクト5－2－2：新しい光波現象の実現
・プロジェクト5－2－3：曲がり角とその周囲に対する空間認識技術
研究テーマ5－3：フォトニック結晶素材における新たな熱輻射《ねつふくしゃ》現象
・プロジェクト5－3－1：先進的なフォトニック結晶を使った、新しい熱輻射管理システム

原注

序章

1 A. Sandberg and N. Bostrom, "Global Catastrophic Risks Survey," Technical Report #2008-1(New York: Oxford University Press, 2008).

第1部　第一世代のナノ兵器

1章　死をもたらす未知の存在

2 "NNI Vision, Goals, and Objectives,"Nano.gov, retrieved April 13, 2016, http://www.nano.gov/about-nni/what/vision-goals.

3 David M. Berube, "Public Perception of Nano:A Summary of Findings," *NanoHype: Nanotechnology Implications and Interactions*, retrieved April 13, 2016, http://nanohype.blogspot.com/2009/10/public-perception-of-nano-summary-of.html#uds-search-results.

4 Richard E. Smalley, "Of Chemistry, Love, and Nanobots," *Scientific American* 285, no. 3 (September 2001): 76–77.

5 Adrian Blomfield, "Russian Army 'Tests the Father of All Bombs,'" *Telegraph*, September 5, 2007, retrieved April 13, 2016, http://www.telegraph.co.uk/news/worldnews/1562936/Russian-army-tests-the-father-of-all-bombs.html.

2章　原子を組み立てる

6 M. Despont, J. Brugger, U. Drechsler, U. Dürig, W. Häberle, M. Lutwyche, H. Rothuizen, R. Stutz, and R. Widmer, "VLSI- NEMS chip for parallel AFM data storage," *Sensors and Actuators* 80, no. 2 (2000):100–107.

7 J. Winter, "Gold Nanoparticle Biosensors," May 23, 2007, https://leelab.engineering.osu.edu/sites/nsec.osu.edu/files/uploads /WinterGoldNanoparticles.pdf.

3章　平和利用の裏で

8 E. O'Rourke and M. Morrison,"Challenges for Governments in Evaluating Return on Investment from Nanotechnology and Its Broader Economic Impact," paper from *International Symposium on Assessing the Economic Impact of Nanotechnology*, 2012, Nano.gov, http://www.nano .gov/sites/default/files/dsti_stp_nano201212.pdf.

9 *International Symposium on Assessing the Economic Impact of Nanotechnology*, 2012, Nano.gov, http://www.nano.gov/node/785.

10 M. Knell, "Nanotechnology and the Challenges of Equity, Equality, and Development," *Nanotechnology and the Sixth Technological Revolution:Yearbook of Nanotechnology in Society* 2 (September 30, 2010): 127– 43.

11 K. Bourzac, "Nanoradio Tunes In to Atoms," *MIT Technology Review*, July 21, 2008, https://www.technologyreview.com/s/410487/nanoradio-tunes-in-to-atoms.

12 M. Roco, "Nanotechnology Research Directions for Societal Needs in 2020," March 28, 2012, *International Symposium on Assessing the Economic Impact of Nanotechnology*, http://www.nano.gov/node/797.

13 A. Laudicina and E. Peterson, "Global Economic Outlook, 2015–2020: Beyond the New Mediocre," January 2015, A. T. Kearney Global Business Policy Council, https://www.atkearney.com/documents/10192/5498252/Global+Economic+Outlook+2015-2020—Beyond+the+New+Mediocre.pdf/5c5c8945-00cc-4a4f-a04f-adef094e90b8.

14 M. Roco, "Nanotechnology Research Directions for Societal Needs in 2020," March 28, 2012.

15 M. E. Vance, T. Kuiken, E. P. Vejerano, S. P. McGinnis, M. F. Hochella, D. Rejeski, and M. S. Hull, "Nanotechnology in the Real World:Redeveloping the Nanomaterial Consumer Products Inventory," *Beilstein Journal of Nanotechnology*, 2015, 1769–80, http://www.beilstein-journals.org/bjnano/single/articleFullText.htm?publicId=2190-4286-6-181.

16 Intel Corporation, retrieved April 16, 2016, http://www.intel.com/content/www/us/en/processors/core/core-m-processors.html.

17 Terry Paige, "The Rise of Nanotechnology," *LifeFact PIA*, May 11, 2013, http://lifefactopia.com/technology/Nanotechnology.

18 "Nano Exposed:A Citizen's Guide to

Nanotechnology," *Organic Consumers*, December 2010, https://www.organicconsumers.org/sites/default/files/nano-exposed_final_41541.pdf.

19 "Supplement to the President's Budget for Fiscal Year 2016," The National Nanotechnology Initiative, White House, https://www.whitehouse.gov/sites/default/files/microsites/ostp/nni_fy16_budget_supplement.pdf.

20 N. Gromicko and K. Shepard, "The History of Concrete" *InterNACHI*, http://www.nachi.org/history-of-concrete.htm#ixzz31v47zuu.

21 N. Gromicko and K. Shepard, "The History of Concrete."

22 Florence Sancheza and Konstantin Sobolevb, "Nanotechnology in Concrete," May 15, 2010, https://www.researchgate.net/publication/222873024_Nanotechnology_in_Concrete_-_A_Review.

23 S. Mann, "Nanotechnology and Construction," Nanoforum.org, European Nanotechnology Gateway, October 31, 2006, http://www.nanowerk.com/nanotechnology/reports/reportpdf/report62.pdf.

24 S. Mann, "Nanotechnology and Construction."

25 Wesley Cook, "Bridge Failure Rates, Consequences, and Predictive Trends," *All Graduate Theses and Dissertations*, 2163, 2014, http://digitalcommons.usu.edu/etd/2163.

26 S. Jones, "Friday Marks 7 Years since I-35w Bridge Collapse," Minneapolis (WCCO), August 1, 2014, http://minnesota.cbslocal.com/2014/08/01/friday-marks-7-years-since-i-35w-bridge-collapse; Charles C. Roberts Jr., "Minneapolis Bridge Collapse," http://www.croberts.com/minneapolis-bridge-collapse.htm.

27 S. Mann, "Nanotechnology and Construction," Nanoforum.org, European Nanotechnology Gateway, October 31,2006, http://www.nanowerk.com/nanotechnology/reports/reportpdf/report62.pdf.

28 "Nano-engineered Steels for Structural Applications," *Nanowerk Spotlight*, May 10, 2010, http://www.nanowerk.com/spotlight/spotid=16203.php.

29 K. Bullis, "Nano-Manufacturing Makes Steel 10 Times Stronger," *MIT Technology Review*, February 16, 2015, https://www.technologyreview.com/s/534796/nano-manufacturing-makes-steel-10-times-stronger.

30 "Manufacturing at the Nanoscale," Nano.gov, retrieved April 15, 2016, http://www.nano.gov/nanotech-101/what/manufacturing.

31 "Manufacturing at the Nanoscale," Nano.gov.

32 Nano.gov, retrieved April 15, 2016, http://www.nano.gov/you/nanotechnology-benefits.

33 M. Patil, D. S. Mehta, and S. Guvva, "Future Impact of Nanotechnology on Medicine and Dentistry," *J Indian Soc Periodontol* 12, no.2 (May–August 2008): 34–40.

34 "Reflection Paper on Nanotechnology-Based Medicinal Products for Human Use," *European Medicines Agency*, June 29, 2006, http://www.ema.europa.eu/docs/en_gb/document_library/Regulatory_and _procedural_guideline/2010/01/wc500069728.pdf.

35 E.Kai-Hua Chow and D.Ho,"Cancer Nanomedicine: From Drug Delivery to Imaging," *Science Translational Medicine* 5, no.216 (December 18, 2013).

36 "Nano-Medicine Market Size Is Expected to Be Worth $130.9 Billion by 2016," Kidlington Centre, Kidlington, UK, March 17, 2015, *PRNewswire*, http://www.prnewswire.com/news-releases/nano-medicine-market-size-is-expected-to-be-worth-1309-billion-by-2016-296544211.html.

37 Robert A. Freitas Jr., "The Ideal Gene Delivery Vector: Chromallocytes, Cell Repair Nanorobots for Chromosome Replacement Therapy," *Journal of Evolution and Technology* 16, no.1 (June 2007): 1–97, http://jetpress.org/v16/freitas.pdf.

4章　羊の皮を被った狼

38 Department of Defense, "Defense Nanotechnology Research and Development Program," Nano.gov, 2009, retrieved April 15, 2016, http://www.nano.gov/node/621.

39 "Rad Hard Microelectronics," Honeywell, retrieved April 15, 2016, http://www51.honeywell.com/aero/common/documents/myaerospacecatalog-documents/Space/Rad_hard_Microelectronics_Products_and_Services.pdf.

40 *The International System of Units*, 2008, http://

physics.nist.gov/Pubs/SP330/sp330.pdf.
41 S. Sagadevan and M. Periasamy, "Recent Trends in Nanobiosensors and Their Applications," *Rev. Adv. Mater. Sci.* 36 (2014): 62–69, http://www.ipme.ru/e-journals/rams/no_13614/06_13614_suresh.pdf.
42 Brittany Sause, "Nanosensors in Space," *MIT Technology Review*, 2007, https://www.technologyreview.com/s/408190/nanosensors-in-space.
43 "Eco-Friendly 'Pre-Fab' Self-Assembling Nanoparticles Could Revolutionize Nano Manufacturing," *Kurzweil Accelerating Intelligence News*, August 14, 2014, retrieved April 15, 2016, http://www.kurzweilai.net/eco-friendly-pre-fab-self-assembling-nanoparticles-could-revolutionize-nano-man ufacturing;Timothy S. Gehan et al., "Multi- Scale Active Layer Morphologies for Organic Photovoltaics through Self-Assembly of Nanospheres," *Nano Letters*, 2014 (DOI:10.1021/nl502209s).
44 Naval S&T Strategy, 2015, retrieved April 15, 2016, http://www.navy.mil/strategic/2015-Naval-Strategy-final-web.pdf.
45 X. Zhao, W. Fan, J. Duan, B. Hou, and J. Pak, "Studies on Nano-Additive for the Substitution of Hazardous Chemical Substances in Antifouling Coatings for the Protection of Ship Hulls," *Pharm Sci.*, July 2014; 27 (4 Suppl): 1117– 22., pmid: 25016277.
46 "U.S. Navy Eyes Nanotechnology for Ultimate Power Control System," *Nanowerk News*, July 21, 2015, retrieved April 15, 2016, http://www.nanowerk.com/nanotechnology-news/newsid=40827.php.
47 The Institute for Soldier Nanotechnologies, retrieved April 15, 2016, http://isnweb.mit.edu.
48 J. Lee, D. Veysset, J. P. Singer, M. Retsch, G. Saini, T. Pezeril, K. Nelson, and E. L. Thomas, "High Strain Rate Deformation of Layered Nanocomposites,"Nature Communications 3, Article number:1164 doi:10.1038/ncomms2166, November 6, 2012,
49 Hal Bernton, "Weight of War:Gear That Protects Troops Also Injures Them," *Seattle Times*, February 13, 2011, http://www.seattletimes.com/nation-world/weight-of-war-gear-that-protects-troops-also-injures-them.
50 "Nano-Thin Invisibility Cloak Makes 3D Objects Disappear," *Nanowerk News*, September 18, 2015, retrieved April 16, 2016, http://www.nanowerk.com/nanotechnology-news/newsid=41348.php.
51 D. Melvin, "No More Dodging a Bullet, As U.S. Develops Self-Guided Ammunition," *CNN*, April 29, 2015, http://www.cnn.com/2015/04/29/us/us-military-self-guided-bullet.
52 K. Bullis, "Nano-Manufacturing Makes Steel 10 Times Stronger," *MIT Technology Review*, February 16, 2015, https://wwwtechnologyreview.com/s/534796/nano-manufacturing-makes-steel-10-times-stronger.
53 J. Gartner, "Military Reloads with Nanotech," *MIT Technology Review*, January 21, 2005, https://www.technologyreview.com/s/403624/military-reloads-with-nanotech.
54 P. Pae, "Northrop Advance Brings Era of the Laser Gun Closer," *Los Angeles Times*, March 19, 2009, http://articles.latimes.com/2009/mar/19/business/fi-laser19.
55 C. Coren, "Obama Administration to Increase Drone Flights 50 Percent," *Newsmax*, August 17, 2015, http://www.newsmax.com/Newsfront/drones-50-percent-airstrikes-Air-Force/2015/08/17/id/670454.
56 J. Serle, "Monthly Updates on the Covert War Almost 2,500 Now Killed by Covert U.S. Drone Strikes since Obama Inauguration Six Years Ago: The Bureau's Report for January 2015," Bureau of Investigative Journalism, February 2, 2015, https://www.thebureauinvestigates.com/2015/02/02/almost-2500-killed-covert-us-drone-strikes-obama-inauguration.
57 L. Muehlhauser, "When Will AI Be Created?" Machine Intelligence Research Institute, May 15, 2013, https://intelligence.org/2013/05/15/when-will-ai-be-created.
58 J. Hook, "Americans Want to Pull Back from World Stage, Poll Finds," *Wall Street Journal*, April 30, 2014, http://www.wsj.com/articles/sb10001424052702304163604579532050055966782.
59 David Axe, "From Bug Drones to Disease Assassins, Super Weapons Rule U.S. War Game," *Wired*, August 24, 1012, http://www.wired.com/2012/08/future-

warfare.
60 "Speed Is the New Stealth," ***Economist***, June 1, 2013, retrieved April 16, 2016, http://www.economist.com/news/technology-quarterly/21578522-hypersonic-weapons-building-vehicles-fly-five-times-speed-sound.
61 John Gartner, "Military Reloads with Nanotech," ***MIT Technology Review***, January 21, 2005, https://www.technologyreview.com/s/403624/military-reloads-with-nanotech.
62 Frequently Asked Questions, "How Does This Spending Compare to Other Countries?" Nano.gov, http://www.nano.gov/nanotech-101/nanotechnology-facts.
63 "NNI Workshop Agendas and Presentations," Nano.gov, file downloads, "Tim Harper, Cientifica Ltd. Nanotechnology Funding: A Global Perspective. | 2.3 MB," http://www.nano.gov/sites/default/files/pub_resource/global_funding_rsl_harper.pdf.
64 "Nanotechnology Patents in USPTO," ***StatNano***, retrieved April 15, 2016, http://statnano.com/report/o103.
65 ***Rusnano Corporation***, retrieved April 15, 2016, http://en.rusnano.com/about.
66 "Russian State Tech Fund Starts Again after Missteps," ***Reuters***, June 13, 2013, http://www.reuters.com/article/russia-rusnano-shakeup-idusl5n0ep2i420130613.
67 "Бывшего главу«Роснано»обвинили в растрате," tvrain.ru, retrieved April 15, 2016, https://tvrain.ru/articles/byvshego_glavu_rosnano_obvinili_v_rastrate-390379.
68 B. Gertz, "The China Challenge:The Weapons the PLA Didn't Show," ***Asia Times***, September 8, 2015, http://atimes.com/2015/09/the-china-challenge-the-weapons-the-pla-didnt-show.
69 B. Gertz, "China Tests Anti-Satellite Missile," ***Washington Free Beacon***, November 9, 2015, http://freebeacon.com/national-security/china-tests-anti-satellite-missile.
70 U.S. Naval Institute Staff, "China's Military Built with Cloned Weapons," U.S. Naval Institute, October 27, 2015, http://news.usni.org/2015/10/27/chinas-military-built-with-cloned-weapons.
71 F. Gady, "China to Receive Russia's s-400 Missile Defense Systems in 12–18 Months," ***Diplomat***, November 17, 2015, http://thediplomat.com/2015/11/china-to-receive-russias-s-400-missile-defense-systems-in-12-18-months.
72 F. Gady, "Russia's Secret New Weapon:Should the West Be Afraid?" ***Diplomat***, July 1, 2015, http://thediplomat.com/2015/07/russias-secret-new-weapon-should-the-west-be-afraid.
73 D. Crane, "Russian Nano-Armor Coming in 2015 for Future Soldier 'Warrior Suit,' and Russian Spetsnaz (Military Special Forces) Already Running Improved 6B43 Composite Hard Armor Plates, New Plate Carriers and Combat Helmets, AK Rifle/Carbines, GM-94 Grenade Launchers and Other Tactical Gear in Crimea, Ukraine," April 23, 2014, http://www.defensereview.com/russian-nano-armor-coming-in-2015-and-russian-spetsnaz-military-special-forces-already-running-improved-6b43-composite-hard-armor-plates-new-plate-carriers-ak-riflecarbines-gm-94-grenade-launch.
74 Putin Eyes $700bn to Advance Army," rt.com, December 13, 2013, retrieved April 15, 2016, https://www.rt.com/news/putin-address-military-russia-125.
75 S. M. Hersh, ***The Samson Option*** (New York: Random House, 1991), 220.
76 Stanislav Lunev, ***Through the Eyes of the Enemy*** (Washington DC: Regnery, 1998); N. Horrock, "FBI Focusing on Portable Nuke Threat," UPI, December 20, 2001, http://www.upi.com/Top_News/2001/12/21/fbi-focusing-on-portable-nuke-threat/90071008968550.
77 J. Gartner, "Military Reloads with Nanotech," ***MIT Technology Review***, January 21, 2005, https://www.technologyreview.com/s/403624/military-reloads-with-nanotech.

5章　超小型《マイクロ》ロボット・ナノボットの登場

78 Jon Turi, "Tesla's Toy Boat: A Drone before Its Time," ***engadget***, January 19, 2014, http://www.engadget.com/2014/01/19/nikola-teslas-remote-control-boat.

79 Patrick McSherry, "Whitehead Torpedo," ***Spanish American War Centennial***, http://www.spanamwar.com/torpedo.htm.

80 Alexander Lychagin, "What Is Teletank?" ***Odint Soviet News***, October 9, 2004, http://translate.google.com/translate?hl=en&langpair=ru%7cen&u=http://www.odintsovo.info/news/?id=1683.

81 Alexey Isaev, "1942, Battle of Kharkov," interview for Echo of Moscow, http://echo.msk.ru/programs/victory/50054;and "A Short History VNIIRT," essays, http://pvo.guns.ru/book/vniirt/index.htm#_Toc122708803.

82 Goliath Demolition Tank on YouTube, https://www.youtube.com/watch?v=zhK8L0PgPdA.

83 N. Trueman, "The V Weapons," History Learning Site, April 2015 and December 2015, http://www.historylearning site.co.uk/world-war-two/world-war-two-in-western-europe/the-v-revenge-weapons/the-v-weapons.

84 P. W. Singer, "Drones Don't Die— A History of Military Robotics," ***HistoryNet***, May 5, 2011, http://www.historynet.com/drones-dont-die-a-history-of-military-robotics.htm.

85 John F. Keane and Stephen S. Carr, "A Brief History of Early Unmanned Aircraft," ***Johns Hopkins APL Technical Digest*** 32, no. 3 (2013), https://www.law.upenn.edu/live/files/3887-keane-and-carr-a-brief-history-of-early-unmanned.

86 Peter Warren Singer, "Drones Don't Die— A History of Military Robotics," ***HistoryNet***, May 5, 2011, http://www.historynet.com/drones-dont-die-a-history-of-military-robotics.htm.

87 Peter Warren Singer, ***Wired for War*** (New York: Penguin, 2009), 54.『ロボット兵士の戦争』, ＮＨＫ出版, 2010

88 "Lockheed MQM-105 Aquila," ***Directory of U.S. Military Rockets and Missiles***, 2002, http://www.designation-systems.net/dusrm/m-105.html.

89 Chris Cole, "Rise of the Reapers:A Brief History of Drones," ***Drone Wars UK***, June 10, 2014, http://dronewars.net/2014/10/06/rise-of-the-reapers-a-brief-history-of-drones.

90 R. Dixon, "UAV Employment in Kosovo: Lessons for the Operational Commander," Naval War College, February 8, 2000, www.dtic.mil/cgi-bin/Gettrdoc?ad=ada378573.

91 K. Kawamura, D. M. Wilkes, and J. A. Adams, "Center for Intelligent Systems at Vanderbilt University: An Overview," ***IEEE Systems, Man and Cybernetics Newsletter*** 1, no. 3 (2003).

92 Lewis Page, "Flying- Rifle Robocopter: Hovering Sniper Backup for U.S. Troops," ***Register***, April 21, 2009, http://www.theregister.co.uk/2009/04/21/arss_hover_sniper.

93 "The Future Is Now: Navy's Autonomous Swarmboats Can Overwhelm Adversaries," Office of Naval Research, 2014, retrieved April 16, 2016, http://www.onr.navy.mil/Media-Center/Press-Releases/2014/autonomous-swarm-boat-unmanned-caracas.aspx.

94 Patrick Tucker, "The Pentagon Is Nervous about Russian and Chinese Killer Robots," ***Defense One***, December 14, 2015, http://www.defenseone.com/threats/2015/12/pentagon-nervous-about-russian-and-chinese-killer-robots/124465.

95 Tucker, "The Pentagon Is Nervous about Russian and Chinese Killer Robots."

96 John W. Whitehead, "Roaches, Mosquitoes, and Birds:The Coming Micro-Drone Revolution," ***HuffPost Tech***, June 17, 2013, http://www.huffingtonpost.com/john-w-whitehead/micro-drones_b_3084965.html.

97 "FLA Program Takes Flight," ***Outreach@DARPA.MIL***, February 12, 2016, http://www.darpa.mil/news-events/2016-02-12.

98 Patrick Tucker, "The Military Wants Smarter Insect Spy Drones," ***Defense One***, December 23, 2014, http://www.defenseone.com/technology/2014/12/military-wants-smarter-insect-spy-drones/101970.

99 "Pfizer Partnering with Ido Bachelet on DNA Nanorobots,"***Next Big Future***, May 15, 2015, http://nextbigfuture.com/2015/05/pfizer-partnering-with-ido-bachelet-on.html.

100 "Pfizer Partnering with Ido Bachelet on DNA Nanorobots."

101 "DNA Nanobots Will Target Cancer Cells in the First Human Trial Using a Terminally Ill Patient," ***3tags***,

2016, http://3tags.org/article/dna-nanobots-will-target-cancer-cells-in-the-first-human-trial-using-a-terminally-ill-patient.

102 Joshua Ostroff, "Jack Andraka Invented a Cancer Breakthrough. Now He's Building Nanobots. He's 18," *Huffington Post*, July15, 2015, http://www.huffingtonpost.ca/2015/07/09/jack-andraka-cancer-nanobots-treatment_n_7746760.html.

103 Renier J. Brentjens et al., "CD19-Targeted T-Cells Rapidly Induce Molecular Remissions in Adults with Chemotherapy-Refractory Acute Lymphoblastic Leukemia," *Science Translational Medicine* 5, no. 177 (March20, 2013), http://stm.sciencemag.org/content/5/177/177ra38.

104 *Ancestry.com*, retrieved February 17, 2016, http://dna.ancestry.com/?hl=Explore+your+heritage+with+dna&s_kwcid=dna+testing+for+heritage&gclid=Cj0keqiArou2brdcoN_c6ndi3ombeiqaneix5hOezsgzY_edMrLuu1jlrxsgkwrohzythytSojl_Qt8aApyo8p8haq&o_xid=55307&o_lid=55307&o_sch=Paid+Search+%e2%80%93+NonBrand.

6章　群れになって襲いかかる

105 Roland Bouffanais, *Design and Control of Swarm Dynamics* (New York: Springer, 2015).

106 "Pandemic Flu History," Flu.gov, http://www.flu.gov/pandemic/history.

107 Tracy V. Wilson, "Dinner and Dancing: Bee Navigation," *How Stuff Works*, May 30, 2007, http://animals.howstuffworks.com/insects/bee5.htm.

108 "Learn the 11 Military General Orders," Military.com, http://www.military.com/join-armed-forces/military-general-orders.html.

109 "DNA," *The Encyclopedia of Earth*, http://www.eoearth.org/view/article/158858.

110 "Swarms of DNA Nanorobots Execute Complex Tasks in Living Animal," Foresight Institute, http://www.foresight.org/nanodot/?p=6410.

111 "Universal Computing by DNA Origami Robots in a Living Animal," *Nature Nanotechnology*, April 6, 2014, http://www.nature.com/nnano/journal/v9/n5/full/nnano.2014.58.html#affil-auth.

112 "Preventing Seasonal Flu Illness," Centers for Disease Control and Prevention, retrieved April 16, 2016, http://www.cdc.gov/flu/about/qa/preventing.htm.

第2部　大変革

7章　スマートナノ兵器

113 Louis A. Del Monte "When Will a Computer Equal a Human Brain?" *Science Questions and Answers*, June 5, 2014, http://www.louisdelmonte.com/when-will-a-computer-equal-a-human-brain.

114 Alan Turing, "Computing Machinery and Intelligence," *Mind* 59, no. 236 (October 1950): 433–60.

115 Lance Ulanoff, "The Life and Times of 'Eugene Goostman,' Who Passed the Turing Test," *Mashable*, June 12, 2014, http://mashable.com/2014/06/12/eugene-goostman-turing-test/#gHxdw0xr2iqQ.

116 Ben Rossington, "Robots 'Smarter than Humans within 15 Years,' Predicts Google's Artificial Intelligence Chief," *Mirror*, February 23, 2014, http://www.mirror.co.uk/news/technology-science/technology/ray-kurzweil-robots-smarter-humans-3178027; and Nadia Khomami, "2029:The Year When Robots Will Have the Power to Outsmart Their Makers," *Guardian*, February 22, 2014, http://www.theguardian.com/technology/2014/feb/22/computers-cleverer-than-humans-15-years.

117 Gordon Moore, "Progress in Digital Integrated Electronics," 1975 *IEEE Text Speech*, retrieved April 16, 2016, http://www.eng.auburn.edu/~agrawvd/course/e7770_Spr07/read/Gordon_Moore_1975_Speech.pdf.

118 "Fully Autonomous Weapons," *Reaching Critical Will*, retrieved February 25, 2016, http://www.reachingcriticalwill.org/resources/fact-sheets/critical-issues/7972-fully-autonomous-weapons.

119 "Do you think artificial intelligence can ever be equal to humans in judgement and emotions?" *Debate.org*, retrieved February 25, 2016, http://www.debate.org/opinions/do-you-think-artificial-intelligence-can-ever-be-equal-to-humans-in-judgement-and-emotions.

120 Patrick Tucker, "The Pentagon Is Nervous about Russian and Chinese Killer Robots," *Defense One*,

December 14, 2015, http://www.defenseone.com/threats/2015/12/pentagon-nervous-about-russian-and-chinese-killer-robots/124465.

121 "United States of America, Practice Relating to Rule 139. Respect for International Humanitarian Law," *International Committee of the Red Cross*, retrieved April 16, 2016, https://www.icrc.org/customary-ihl/eng/docs/v2_cou_us_rule139.

122 Louis A. Del Monte, *The Artificial Intelligence Revolution* (North Charleston SC: Createspace, April 2014), 128.

8章　解き放たれる悪霊

123 "Manhattan District History," U.S. Department of Energy, retrieved February 28, 2016, https://www.osti.gov/opennet/manhattan _district.jsp.

124 Barton J. Bernstein, "The Uneasy Alliance:Roosevelt, Churchill, and the Atomic Bomb, 1940–1945," *Western Political Quarterly* 2 (June 1976): 202–30.

125 "Chapter 8, Security Classification of Information," Federation of American Scientists, retrieved February 28, 2016, http://www.fas.org/sgp/library/quist2/chap_8.html.

126 "Is a Career in Nanotechnology in Your Future?" National Nanotechnology Infrastructure Network, retrieved March 3, 2016, http://www.nnin.org/news-events/spotlights/nanotechnology-careers.

127 Franz- Stefan Gady, "Top U.S. Spy Chief: China Still Successful in Cyber Espionage against U.S.," *Diplomat*, February 16, 2016, http://thediplomat.com/2016/02/top-us-spy-chief-china-still-successful-in-cyber-espionage-against-us.

128 "16 June 2014: Nuclear Forces Reduced While Modernizations Continue, Says SIPRI," Stockholm International Peace Research Institute, http://www.sipri.org/media/pressreleases/2014/nuclear_May_2014.

129 Tuan C. Nguyen, "Why It's So Hard to Make Nuclear Weapons," *Livescience*, September 22, 2009, http://www.livescience.com/5752-hard-nuclear-weapons.html.

130 Alan Travis, "MI5 Report Challenges Views on Terrorism in Britain," *Guardian*, August 20, 2008, http://www.theguardian.com/uk/2008/aug/20/uksecurity.terrorism1, retrieved March 2, 2016; and Olivier Roy, "What Is the Driving Force behind Jihadist Terrorism?" *Inside Story*, December 18, 2015, http://insidestory.org.au/what-is-the-driving-force-behind-jihadist-terrorism.

131 "Olivier Roy Interview (2007): Conversations with History; Institute of International Studies, UC Berkeley," retrieved March 2, 2016, http://globetrotter.berkeley.edu/people7/Roy/roy07-con5.html.

132 Soraya Sarhaddi Nelson, "Disabled Often Carry Out Afghan Suicide Missions," NPR.org, http://www.npr.org/templates/story/story.php?storyId=15276485.

9章　火をもって火を制す

133 "Timeline: Weapons Technology," *New Scientist*, July 7, 2009, retrieved March 4, 2016, https://www.newscientist.com/article/dn17423-timeline-weapons-technology.

134 Michael J. Mills et al., "Multidecadal Global Cooling and Unprecedented Ozone Loss Following a Regional Nuclear Conflict," *Earth's Future*, April 1, 2014, http://onlinelibrary.wiley.com/doi/10.1002/2013ef000205/full.

135 Frederick Myatt, *Modern Small Arms* (NewYork: Crescent Books, 1978), 228–29.

136 "System A-135 Missile 51T6-ABM-4 GORGON," *Military Russia*, February 15, 2016, retrieved March 4, 2016, http://militaryrussia.ru/blog/topic-345.html; Ronald T. Kadish, "Reorganization of the Missile Defense Program," March 13, 2002, http://www.mda.mil/global/documents/pdf/ps_kadish13mar02.pdf.

第3部　転換点

10章　ナノ兵器超大国

137 Louis A. Del Monte, *The Artificial Intelligence Revolution* (North Charleston SC: Createspace, April 2014), 103–5, 128.

138 Michael J. Mills et al., "Multidecadal Global Cooling and Unprecedented Ozone Loss Following a Regional Nuclear Conflict," *Earth's Future*, April 1, 2014, http://onlinelibrary.wiley.com/doi/10.1002/2013ef000205/

full.

139 Kristina Grifantini, "Robots 'Evolve' the Ability to Deceive," *MIT Technology Review*, August 18, 2009, https://www.technology review.com/s/414934/robots-evolve-the-ability-to-deceive.

11章　ナノ戦争

140 Frank Hoffman, "The Contemporary Spectrum of Conflict," 2016 *Index of U.S. Military Strength*, retrieved March 15, 2016 http://index.heritage.org/military/2016/essays/contemporary-spectrum-of-conflict.

141 Hoffman, "The Contemporary Spectrum of Conflict."

142 "How Were the Colonies Able to Win Independence?" *Digital History*, retrieved March 15, 2016, http://www.digitalhistory.uh.edu/disp_textbook.cfm?smtid=2&psid=3220.

143 Mary Ellen Connell and Ryan Evans,"Russia's 'Ambiguous Warfare' and Implications for the U.S. Marine Corps," *Center for Naval Analysis*, May 2015, https://www.cna.org/cna_files/pdf/dop-2015-u-010447-Final.pdf.

144 Hoffman, "The Contemporary Spectrum of Conflict."

145 Hoffman, "The Contemporary Spectrum of Conflict."

146 "The Nuclear Non-Proliferation Treaty (NPT), 1968," U.S. Department of State Office of the Historian, retrieved March 15, 2016, https://history.state.gov/milestones/1961-1968/npt.

147 "The Limited Test Ban Treaty, 1963," U.S. Department of State Office of the Historian, retrieved March 15, 2016, https://history.state.gov/milestones/1961-1968/limited-ban.

148 "Convention on the Prohibition of the Development, Production, and Stockpiling of Bacteriological (Biological) and Toxin Weapons and on Their Destruction," United Nations, retrieved March 15, 2016, http://www.un.org/disarmament/wmd/Bio/pdf/Text_of_the_Convention.pdf.

12章　瀬戸際に立つ人類

149 "1986 Nuclear Disaster at Chernobyl," *History*, retrieved April 16, 2016, http://www.history.com/this-day-in-history/nuclear-disaster-at-chernobyl.

150 Karl Grossman, "Chernobyl Death Toll: 985,000, Mostly from Cancer," *Global Research*, March 13, 2013, http://www.globalresearch.ca/new-book-concludes-chernobyl-death-toll-985-000-mostly-from-cancer/20908.

終章

151 "A Study on Conventional Disarmament," United Nations, December 9, 1981, retrieved April 16, 2016, http://www.un.org/documents/ga/res/36/a36r097.htm.

152 Ronald Reagan, "Foreword Written for a Report on the Strategic Defense Initiative, December 28, 1984," The American Presidency Project, http://www.presidency.ucsb.edu/ws/?pid=38499.

◆著者　ルイス・A・デルモンテ　Louis A. Del Monte
物理学者、作家。セントピーターズ大学で物理学と科学の学士号を取得。フォーダム大学で物理学の学位を取得。30年以上にわたってＩＢＭおよびハネウェル社で超小型電子技術の研究開発リーダーを務めた。現在はマーケティング・広告コンサルタント企業のＣＥＯを務める。テレビ番組やラジオ等への出演が多く、広く影響力を持つ。

◆訳者　黒木章人　(くろき・ふみひと)
翻訳家。立命館大学産業社会学部卒。訳書に『ビジネスブロックチェーン ビットコイン、FinTechを生みだす技術革命』(日経ＢＰ)、『誰もがイライラしたくないのに、なぜイライラしてしまうのか？』(総合法令出版)、『スーパー・コンプリケーション』(太田出版、共訳)など。

人類史上最強《じんるいしじょうさいきょう》 ナノ兵器《へいき》 その誕生《たんじょう》から未来《みらい》まで

●

2017年11月20日　第1刷

著者……………………ルイス・A・デルモンテ
訳者……………………黒木章人《くろきふみひと》
装幀……………………永井亜矢子（陽々舎）
カバー写真……………Getty Images
発行者…………………成瀬雅人
発行所…………………株式会社原書房

〒160-0022 東京都新宿区新宿1-25-13
電話・代表　03(3354)0685
http://www.harashobo.co.jp/
振替・00150-6-151594

印刷・製本……………図書印刷株式会社

ISBN 978-4-562-05443-5 Printed in Japan